BestMasters

Mit „BestMasters" zeichnet Springer die besten Masterarbeiten aus, die an renommierten Hochschulen in Deutschland, Österreich und der Schweiz entstanden sind. Die mit Höchstnote ausgezeichneten Arbeiten wurden durch Gutachter zur Veröffentlichung empfohlen und behandeln aktuelle Themen aus unterschiedlichen Fachgebieten der Naturwissenschaften, Psychologie, Technik und Wirtschaftswissenschaften.

Die Reihe wendet sich an Praktiker und Wissenschaftler gleichermaßen und soll insbesondere auch Nachwuchswissenschaftlern Orientierung geben.

Michael Seitz

Intervalldaten und generalisierte lineare Modelle

Mit einem Geleitwort von Prof. Dr. Thomas Augustin

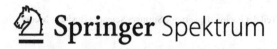 Springer Spektrum

Michael Seitz
München, Deutschland

BestMasters
ISBN 978-3-658-08745-6   ISBN 978-3-658-08746-3 (eBook)
DOI 10.1007/978-3-658-08746-3

Die Deutsche Nationalbibliothek verzeichnet diese Publikation in der Deutschen Nationalbi-
bliografie; detaillierte bibliografische Daten sind im Internet über http://dnb.d-nb.de abrufbar.

Springer Spektrum
© Springer Fachmedien Wiesbaden 2015

Gedruckt auf säurefreiem und chlorfrei gebleichtem Papier

Springer Fachmedien Wiesbaden ist Teil der Fachverlagsgruppe Springer Science+Business Media
(www.springer.com)

Geleitwort

Seit längerem herrscht in der angewandten Statistik ein Unbehagen, dass viele gängige statistische Verfahren eigentlich voraussetzen, dass die Daten in einer Qualität und Präzision vorliegen, die oft nicht gewährleistet werden kann. Gerade in großen Studien zu komplexen Themen treten häufig nicht nur Antwortverweigerungen auf, sondern die erhobenen Daten sind zusätzlich durch Antworteffekte verzerrt und unpräzise. Ein charakteristisches Beispiel sind *Intervalldaten*: In Surveys runden die Befragten oft grob und bevorzugen bestimmte "attraktive Werte". Ferner wird bei der Konzeption von Fragebögen häufig empfohlen, Angaben zu heiklen Fragen (wie etwa dem Einkommen) von vornherein nur in Intervallen zu erheben, um Verweigerungen zu vermeiden, oder es werden von primären Verweigerern wenigstens Intervallangaben erbeten. Bei ereignisanalytischen Modellen kommt zusätzlich oft noch das der durch individuelle Beobachtungszeitpunkte induzierte Problem der Intervallzensierung hinzu.

Sensibilisiert dafür, dass eine solche "Defizitäten" negierende, naive Anwendung von statistischen Verfahren unter Umständen zu gravierenden Verzerrungen der Ergebnisse – und damit zu folgenschweren inhaltlichen Fehlinterpretationen – führen kann, wurden in der Literatur einerseits genauere Kriterien gewonnen, wann mit starken Verzerrungen zu rechnen ist, sowie entsprechende Korrekturverfahren entwickelt, um die Verzerrungen durch Messfehler, Vergröberungen und fehlende Daten zu kompensieren.

Diese theoretisch sehr leistungsfähigen Korrekturmethoden stellen einen wichtigen Fortschritt dar; ihre praktische Relevanz bleibt aber mit dem Makel behaftet, dass die Korrekturen typischerweise auf weitreichenden Zusatzannahmen über den "Defizitäts"- prozess" beruhen, die empirisch nicht überprüfbar und oft auch inhaltlich nicht begründbar sind. Deshalb findet in den letzten Jahren insbesondere im Bereich der systematisch fehlenden Daten eine prinzipiell andere Vorgehensweise immer mehr Anklang, die v.a. unter dem Begriff partielle Identifikation bekannt wurde: Man verzichtet bewusst auf die vermeintliche Präzision von unter Einbezug von artifiziellen Zusatzannahmen erzielten Modellschätzungen und lässt "mengenwertige Ergebnisse" zu, indem man die Menge aller mit den Daten (und inhaltlich unbezweifelter Zusatzannahmen) verträglichen Modelle betrachtet. Diese so erzielten

Ergebnisse sind zwar häufig unpräzise, aber durch die Art ihrer Gewinnung glaubwürdiger und zuverlässiger, und, wie sich mittlerweile in vielfältigen Studien gezeigt hat, oft immer noch präzise genug, um die eigentlichen substanzwissenschaftlichen Fragestellungen beantworten zu können.

Die Arbeit von Herrn Seitz ist genau diesem neuem Paradigma einer zuverlässigen Inferenz unter unvollständiger Information verpflichtet. In vielen Situationen erscheint es bei Intervalldaten äußerst bedenklich, anzunehmen, der Vergröberungsmechanismus sei nichtinformativ zufällig, und so sind Intervalldaten ein natürlicher Anwendungsbereich für Methoden der partiellen Information. In der Tat gibt es eine Reihe von entsprechenden Ansätzen für lineare Regressionsmodelle unter Intervalldaten, aber überraschenderweise praktisch keine Literatur zu verallgemeinerten linearen Modellen i. e. S., wie sie sich mittlerweile in der statistischen Modellierung als Standardmethode durchgesetzt haben. Herr Seitz präsentiert hier einen sehr allgemeinen Ansatz, der sich im Prinzip auch noch allgemeiner auf beliebige unverzerrte Schätzgleichungen ausdehnen lässt. Nach einer eher als Kontrollsituation dienenden direkten Lösung im Fall eines eindimensionalen Parameters wird die allgemeine Aufgabe konsequent als Optimierungsproblem über die Parameter gesehen, wobei die Intervalldaten in natürlicher Weise lineare Restriktionen formulieren. Um genau die Menge aller Maximum-Likelihood-Schätzer als zulässige Lösungen zu erhalten, wird die Bedingung "jeweiliger Wert der Scorefunktion = 0" zunächst als nichtlineare Nebenbedingung eingebracht. Die Arbeit entwickelt sodann mehrere Methoden, wie dieser Ansatz konkret operational gemacht werden kann. Eine Idee unter anderen besteht darin, diese Nebenbedingungen mit einem Pönalisierungstrick in die Zielfunktion mitaufzunehmen, so dass nun ein nichtlineares Optimierungsproblem über einem konvexen Polyeder entsteht. Die verschiedenen Methoden werden v.a. für die Exponentialregression konkret implementiert, verglichen und sorgfältig evaluiert.

Die Ergebnisse der Arbeit von Herrn Seitz erlauben erstmalig die konkrete Implementation von Methoden der partiellen Identifikation in generalisierten linearen Modellen unter Intervalldaten und erweitern damit den möglichen Anwendungsbereich dieses neuen methodischen Paradigmas substantiell. Sie sind ein wichtiger Meilenstein auf dem Weg zu einem allgemeinen Rahmen für eine zuverlässige statistische Modellierung komplexer Daten.

Prof. Dr. Thomas Augustin

Vorwort

Mit der Theorie der partiellen Identifizierung wird Unsicherheit in den beobachteten Daten auf die Schätzung der Modellparameter übertragen. Im Kontext der generalisierten Regression mit Intervalldaten erhält man für die Parameterschätzer so keine skalaren Werte, sondern ebenfalls Intervalle. Im Allgemeinen kann dies als Optimierungsproblem mit Nebenbedingungen formuliert werden. Die Herausforderung besteht hier insbesondere darin, die globalen Extrema zu bestimmen. Für Spezialfälle sind bereits Lösungen aus der Literatur bekannt: Bei der linearen Regression mit skalarer abhängiger Variable kann das Optimierungsproblem analytisch gelöst werden. Für eindimensionale Parameter in generalisierten linearen Modellen wird in der vorliegenden Arbeit ein neuer Ansatz realisiert und untersucht: Optimiert man die Score-Funktion mit festem Parameter über die beobachteten Intervalldaten, so lassen sich dadurch die Extrema des Parameterschätzers bestimmen. Dieser Ansatz liefert zuverlässig die richtige Lösung. Als allgemeine Herangehensweise kann der Parameterschätzer direkt numerisch optimiert werden. Daneben wird ein alternativer Ansatz verwendet: Um das Intervall der zulässigen Schätzer zu erhalten, kann die Score-Funktion als Strafterm in die Zielfunktion integriert werden. Die Methoden werden für das lineare Modell und das generalisierte lineare Modell mit Exponentialverteilung und log-Link umgesetzt. Bei der Untersuchung von Simulationsbeispielen zeigt sich, dass die allgemeinen Verfahren teilweise nur lokale Extrema finden. Da die Zielfunktionen aber mitunter sehr hochdimensional sind, kann die numerische Optimierung nicht an verschiedenen Stellen systematisch neugestartet werden. Auf Grund dieser Problematik werden heuristische Methoden vorgeschlagen, bei denen iterativ in den Ecken der Datenintervalle neugestartet wird. Diese liefern durchwegs die größten Intervalle der zulässigen Parameter und damit die beste Lösung. Die Methode wird auf ein Anwendungsbeispiel aus der Volkswirtschaft angewandt: Vorerst wird ein Regressionsmodell für den Zusammenhang zwischen dem Bruttoinlandsprodukt und den Ausgaben für Forschung und Entwicklung verschiedener Länder entwickelt. Anschließend werden Intervalle für die Daten konstruiert und die entsprechenden Parameterintervalle berechnet. Mit den vorgestellten und praktisch umgesetzten Verfahren lassen sich oft die exakten Lösungen und in allen untersuchten Fällen sehr gute Approximationen finden. Des Weiteren wird demonstriert, dass die Ansätze grundsätzlich zur Lösung des Problems führen, wenn die Extrema der Optimierungsprobleme richtig bestimmt werden.

Michael Seitz

Inhaltsverzeichnis

Abbildungsverzeichnis

Tabellenverzeichnis

Algorithmenverzeichnis

1. Einleitung

Die Theorie der Identifizierbarkeit von Parametern in statistischen Modellen beschäftigt sich mit der Bestimmung von Modellparametern bei bekannter Verteilung der Beobachtungen [Koopmans, 1949]. Im Gegensatz dazu wird mit statistischer Inferenz die Schätzung von Parametern auf Grund endlicher Stichprobenumfänge vorgenommen. Im letzteren Fall ist die Verteilung also nicht bekannt, sondern es liegt nur empirische Information vor. Ist ein Parameter nicht identifiziert, lässt er sich auch mit unendlich vielen Beobachtungen nicht exakt schätzen. Dennoch können eventuell sinnvolle Aussagen über den zu bestimmenden Parameter getroffen werden: Der Parameter liegt so beispielsweise nur in einer Teilmenge des Parameterraums, der als Identifizierungsbereich bezeichnet wird. In diesem Fall ist der Parameter partiell identifiziert.

Ist ein Parameter partiell identifiziert, kann durch zusätzliche Annahmen eine exakte Schätzung ermöglicht werden. Diese Annahmen müssen aber oftmals rein inhaltlich gerechtfertigt werden. Sie sind selbst also im Allgemeinen *nicht* Gegenstand der Inferenz und damit auch nicht falsifizierbar.

Durch stärkere Annahmen kann eventuell auch eine genauere, aber nicht exakte Schätzung des Parameters erreicht werden. Diese wird dadurch im Allgemeinen weniger glaubwürdig im Sinne der Zuverlässigkeit. Manski nennt dies *das Gesetz der abnehmenden Glaubwürdigkeit* [Manski, 2003a]:

> *The Law of Decreasing Credibility*: The credibility of inference decreases with the strength of the assumptions maintained.

Die Untersuchung der Identifizierbarkeit von Parametern findet also in gewisser Weise vor der eigentlichen statistischen Inferenz statt. Dennoch ist das Ziel ähnlich wie bei der statistischen Inferenz: Es sollen Aussagen über den wahren Wert eines Modellparameters auf Grund beobachteter Daten getroffen werden. Diese sind jedoch keine stochastischen Aussagen. Die Theorie der Identifizierbarkeit kann also nicht der Stochastik zugeordnet werden, bleibt aber relevant für die Statistik.

Wie kommt es dazu, dass ein Parameter nicht oder nur partiell identifizierbar ist? Dafür kann es verschiedene Gründe geben. Für die Statistik von großer Bedeutung ist der Umgang mit fehlenden Daten. Hierbei können fehlende Werte imputiert werden, wobei in der Regel zusätzliche Annahmen gemacht werden (siehe beispielsweise [Schafer, 1997]). Die fehlenden Werte könnten aber einen wichtigen systematischen Beitrag leisten, der durch die beobachteten Daten nicht erfasst wurde. Mit der Theorie der partiellen Identifizierung lässt sich diese Unsicherheit sinnvoll abbilden [Manski, 2005].

Eine verwandte Situation ist die Untersuchung von Kausalitätsbeziehungen [Manski, 2004; Pearl, 2009; Iacus et al., 2012]. Wird beispielsweise untersucht, welchen Einfluss eine binäre Entscheidung auf eine abhängige Variable hat, so kann immer nur der Ausgang für die tatsächlich getroffene Entscheidung beobachtet werden – der andere Ausgang bleibt unbeobachtet (siehe beispielsweise [Stoye, 2009a]). Die möglichen Ausgänge werden auch als *potential outcomes* bezeichnet, da beide möglich wären, aber jeweils nur einer beobachtet wird [Rubin, 2005]. Unproblematisch wäre in dieser Situation eine zufällige Entscheidung. Eine nicht zufällige Entscheidung führt aber selbst mit unendlich vielen Beobachtungen zu partiell identifizierten Parametern. Mit verschieden starken Annahmen kann der Identifizierungsbereich auch hier verkleinert werden [Manski und Nagin, 1998].

Schließlich sind Parameter unter Umständen partiell identifiziert, wenn die Daten nicht genau beobachtet werden. Beispielsweise könnten die Beobachtungen unscharf sein, wodurch nur ein Intervall[1] beobachtet wird, in dem der tatsächliche Wert liegt [Manski, 2003a; Gioia und Lauro, 2005]. Wird der gesamte Gültigkeitsbereich einer Variablen als Intervall eingesetzt, so werden auf diesem Weg auch fehlende Werte als Intervalle abgebildet. Mit weiteren Annahmen ist es auch möglich, ein kleineres Intervall für die fehlenden Werte anzunehmen. Diese Annahmen könnten entweder inhaltlich oder aus den tatsächlichen Beobachtungen hergeleitet werden. Hier muss aber wieder abgewägt werden, wie weit die Annahmen noch akzeptabel sind.

Viele Veröffentlichungen zu dem Thema behandeln ökonometrische Fragestellungen, die aber in der Regel auf die allgemeine Statistik übertragbar sind [Manski, 2003b; Romano und Shaikh, 2008; Tamer, 2010; Romano und Shaikh, 2010]. In [Manski, 2003a] findet man eine Übersicht früher Arbeiten zu dem Thema. Die Theorie der partiellen Identifizierung hat außerdem Gemeinsamkeiten mit der robusten Statistik und der Theorie der Intervallwahrscheinlichkeiten (siehe hierzu beispielsweise [Augustin und Hable, 2010]). Derzeit werden zudem vermehrt die mathematischen Hintergründe der partiellen Identifizierung untersucht [Beresteanu und Molinari, 2008; Canay, 2010; Moon und Schorfheide, 2012]. Insbesondere sei hierbei die Verwendung der *random set theory* erwähnt [Beresteanu und Molinari, 2012]. Andere Autoren [Rohwer und Pötter, 2001] nähern sich Aspekten der Problematik unabhängig und ohne Verwendung der Terminologie der Identifizierbarkeit.

Gegenstand der Untersuchung dieser Arbeit ist die Regression, insbesondere die parametrische Regression in Form von generalisierten linearen Modellen. Im Allge-

---

[1]Zur mathematischen Untersuchung von Intervallen siehe auch [Neumaier, 2009].

meinen wird hierfür sowohl die unabhängige als auch die abhängige Variable als intervallwertig angenommen. Auf Grund dieser Daten soll der Identifizierungsbereich der zu schätzenden Parameter bestimmt werden. Als Voraussetzung wird angenommen, dass sowohl die Beobachtungen, also die unabhängigen und abhängigen Variablen, als auch der Identifizierungsbereich des Parameters, Intervalle in den reellen Zahlen sind. Diese Annahme wird damit gerechtfertigt, dass für Beobachtungen bei Unschärfe oder fehlenden Werten ein abgeschlossenes Intervall, in dem der tatsächliche Wert liegt, beobachtet wird. Die Annahme, dass auch der Identifizierungsbereich der Parameter ein Intervall ist, lässt sich inhaltlich nicht so leicht begründen. Anschaulich kann aber argumentiert werden, dass sich bei einer beliebig kleinen Abweichung der Daten auch der geschätzte Parameter ein beliebig kleines Stück weit in eine Richtung bewegt. Da die Beobachtungen aus Intervallen bestehen, können zwei beliebig nahe zusammenliegenden Punkte aus den Intervallen ausgewählt werden und damit auch beliebig nahe zusammenliegende zulässige Parameterschätzer. Wird der Parameterschätzer als Funktion der Daten betrachtet, wäre diese demnach stetig. Deswegen ist es naheliegend anzunehmen, dass für zwei zulässige Schätzer auch alle dazwischenliegenden Schätzwerte zulässig sind.

Einige Autoren haben bereits die parametrische Regression mit Intervalldaten im Sinne der partiellen Identifizierung untersucht, wobei es sich jedoch um Spezialfälle handelt. So wird beispielsweise angenommen, dass nur eine Variable – entweder eine unabhängige oder die abhängige – intervallwertig ist [Manski und Tamer, 2002]. Andere Autoren beschäftigen sich nur mit der linearen Regression und unterschiedlichen anderen Einschränkungen [Rohwer und Pötter, 2001; Marino und Palumbo, 2002; Bontemps et al., 2012]. Ein weiterer Ansatz ist, verschiedene Arten von Unsicherheit gleichzeitig zu betrachten, um so einen Vertrauensbereich für Parameter zu bestimmen [Cattaneo und Wiencierz, 2012].

In der vorliegenden Arbeit werden Verfahren zur Bestimmung des Identifizierungsbereichs der Parameter in allgemeinen generalisierten linearen Modellen entwickelt. Dabei werden numerische und heuristische Ansätze zur praktischen Lösung vorgeschlagen und an Simulationsbeispielen erfolgreich angewandt.

Im zweiten Kapitel wird zunächst das Problem formuliert. Außerdem werden hier die Grundideen für die Ansätze zur Schätzung vorgestellt und die analytische Lösung für einen Spezialfall der linearen Regression besprochen. Am Ende des Kapitels werden kurz einige wichtige Aspekte der generalisierten linearen Regression behandelt.

In Kapitel 3 wird die Bestimmung der Parameterintervalle im eindimensionalen Fall untersucht. Dabei werden verschiedene Verfahren besprochen und an einigen Simulationsbeispielen verglichen. In Kapitel 4 werden Methoden für Modelle mit Intercept behandelt und wieder an Simulationsbeispielen untersucht. Außerdem wird der allgemeine Fall mit p-dimensionalem Parameter besprochen. In diesen beiden Kapiteln werden außerdem jeweils die Erkenntnisse aus den Simulationsbeispielen zusammengefasst.

In Kapitel 5 wird für einen Anwendungsfall aus der Volkswirtschaft ein statistisches Modell entwickelt. Für die Daten werden Intervalle konstruiert und die Parameterintervalle berechnet.

Abschließend werden die Ergebnisse in Kapitel 6 zusammengefasst und es wird ein Ausblick für mögliche weitere Arbeitsrichtungen gegeben. Im Anhang befindet sich weiteres Material zu den einzelnen Kapiteln und die zentralen Funktionen der im Rahmen der Arbeit entwickelten R-Programme. Zusätzlich wird der elektronische Anhang erläutert.

Die in der Arbeit vorgestellten Methoden sind für generalisierte lineare Modelle geeignet. Praktisch wird die lineare Regression und die generalisierte lineare Regression mit Exponentialverteilung und log-Link umgesetzt. Die Anzahl der Modellparameter ist auf zwei beschränkt. Die Grundideen sind jedoch meist allgemein formuliert und könnten analog umgesetzt werden. Der Erfolg der praktischen Realisierung hängt von der Komplexität der resultierenden Optimierungsprobleme ab.

Die Ergebnisse der Arbeit sind sowohl von theoretischem als auch von praktischem Interesse: Es konnte gezeigt werden, dass die Formulierung als Optimierungsproblem grundsätzlich ein sinnvoller Ansatz ist. Zur Lösung des Optimierungsproblems werden verschiedene Verfahren vorgeschlagen. Diese können bereits auf praktische Probleme angewandt werden. Außerdem stellen sie einen *Proof of Concept* für allgemeine Situationen dar.

Für die in dieser Arbeit behandelten Verfahren werden teilweise numerische Optimierungsverfahren eingesetzt. Da die Dimension der Zielfunktionen meist mit steigender Anzahl n der Beobachtungen wächst, werden sehr effiziente Verfahren benötigt, und es ist nicht möglich, die Zielfunktionswerte auf einem Grid zu berechnen.

In der linearen Optimierung kann mit dem Simplex-Algorithmus die exakte Lösung zuverlässig bestimmt werden (siehe beispielsweise [Kosmol, 2010; Domschke und Drexl, 2005]). In der nicht-linearen Optimierung ist dies unter entsprechenden Voraussetzungen mit anderen Verfahren bis zu einer gewissen Genauigkeit auch möglich. Insbesondere wäre die Konvexität der Zielfunktion wichtig, um die globale Lösung zuverlässig zu bestimmen (siehe beispielsweise [Alt, 2011]). Wie später aber deutlich wird, kann diese Annahme im Allgemeinen nicht gemacht werden (siehe Kapitel 3).

Als zusätzliche Schwierigkeit müssen die Nebenbedingungen betrachtet werden. Hierbei wäre nun die Konkavität der Zielfunktion hilfreich, die aber – wie die Konvexität – im Allgemeinen nicht angenommen werden kann (siehe Kapitel 3).

Als numerische Optimierungsverfahren werden in dieser Arbeit im Weiteren zwei

Methoden verwendet (siehe auch Anhang A): das Verfahren nach Nelder und Mead [Nelder und Mead, 1965], und das Verfahren L-BFGS-B [Byrd et al., 1995]. Beide Methoden sind in der statistischen Software R [R Development Core Team, 2012d] im Paket optim [R Development Core Team, 2012c] enthalten. Für die effiziente Berechnung wird zusätzlich das Paket multicore [Urbanek, 2011] für paralleles Rechnen eingesetzt.

2. Intervalldaten und generalisierte lineare Modelle

In diesem Kapitel wird die Regression mit Intervalldaten behandelt. Im ersten Abschnitt wird dabei vorerst auf generalisierte lineare Modelle eingegangen. In den Abschnitten 2.4 und 2.5 werden neue Ansätze [Augustin, 2012] für die Bestimmung des Identifizierungsbereichs von Modellparametern in generalisierten linearen Modellen vorgestellt. Zuletzt wird für den Spezialfall der linearen Regression mit skalarer unabhängiger Variable die analytische Lösung besprochen.

2.1. Generalisierte lineare Regression

In diesem Abschnitt werden vorerst einige Aspekte generalisierter linearer Modelle [Nelder und Wedderburn, 1972] behandelt (siehe hierzu auch [McCullagh und Nelder, 1986; Dobson und Barnett, 2008]). Im klassischen linearen Modell wird der Mittelwert μ direkt durch den linearen Prädiktor

$$\eta = \boldsymbol{x}^T \beta$$

bestimmt. Es gilt also $\mu = \eta$. Außerdem ist der Störterm ϵ um diesen Mittelwert mit fester Varianz normalverteilt (siehe beispielsweise [Fahrmeir et al., 2009]). Das bedeutet, dass die Streuung um die Regressionsgerade unabhängig von x ist. Durch quadratische oder anders transformierte Terme kann man zwar auch im linearen Modell eine nicht-lineare Regressionskurve erzeugen, im Allgemeinen könnte es aber von Interesse sein, nicht nur auf die Normalverteilung beschränkt zu sein. Insbesondere gibt es viele Situationen, in denen beispielsweise negative Werte inhaltlich nicht interpretiert werden können. Ein anderes Beispiel wären diskrete Verteilungen, bei denen $y \in \mathbb{Y} \subset \mathbb{Z}$ gilt, also nur ganze Zahlen annehmen kann, während $x \in \mathbb{R}$ ist. Die Normalverteilung kann in beiden Beispielen die Eigenschaften der Variablen nicht abbilden.

In generalisierten linearen Modellen ist die Einschränkung der Normalverteilung nicht mehr gegeben. Die Voraussetzung an die Verteilung ist lediglich, dass diese zur Exponentialfamilie gehört (siehe beispielsweise [Young und Smith, 2005], Kapitel 5 und [Dobson und Barnett, 2008], Kapitel 3). Diese Voraussetzung wird durch die meisten wichtigen Verteilungen erfüllt.

Eine weitere wichtige Verallgemeinerung in generalisierten linearen Modellen ist, dass der Erwartungswert nicht mehr direkt durch den linearen Prädiktor festgelegt werden muss, sondern durch eine Link-Funktion $g(\mu)$, für die

$$g(\mu) = \eta = \boldsymbol{x}^T \beta$$

gilt. Löst man nach μ auf, erhält man die Response-Funktion $h(\eta)$ mit

$$\mu = g^{-1}(\eta) = h(\eta).$$

Dadurch lassen sich sehr flexible Zusammenhänge modellieren. Für generalisierte lineare Modelle besteht außerdem eine umfassende Theorie zum Schätzen der Parameter und Testen von Hypothesen. Im Unterschied zum linearen Modell können die Parameter aber im Allgemeinen nicht analytisch bestimmt, sondern müssen mit numerischen Verfahren gesucht werden. Dies liegt vor allem daran, dass die Maximum-Likelihood-Methode eingesetzt wird. Die Berechnung der Parameter ist also aufwendiger und weniger zuverlässig. Es bestehen aber höchst effiziente numerische Verfahren zur Bestimmung der Parameter.

Bei der praktischen Umsetzung in den Kapiteln 3 und 4 werden sich die Erläuterungen der Methoden und die Simulationsbeispiele auf die lineare Regression und die generalisierte lineare Regression mit Exponentialverteilung und log-Link beschränken. Andere generalisierte Modelle können aber analog behandelt werden. Es wäre jedoch zu untersuchen, ob die angewandten Optimierungsverfahren auch dort effizient sind.

Im Folgenden wird das generalisierte lineare Modell mit Exponentialverteilung beschrieben. Dieses stellt einen Spezialfall des Modells mit Gamma-Verteilung dar, wenn der zweite Parameter der Gamma-Verteilung auf 1 gesetzt wird (siehe beispielsweise [Dobson und Barnett, 2008]). Die Dichtefunktion der Exponentialverteilung ist durch

$$f(y; \lambda) = \lambda \exp(-\lambda y) \qquad (2.1)$$

gegeben, wobei für den Erwartungswert und die Varianz

$$\mu = \frac{1}{\lambda} \quad \text{und} \quad \sigma^2 = \frac{1}{\lambda^2}$$

gilt. Die Varianz ist also abhängig von dem Erwartungswert. Der natürliche Link (siehe beispielsweise [Dobson und Barnett, 2008], Kapitel 3) ist für die Exponentialverteilung $1/\lambda$. Problematisch ist dabei aber, dass für die Exponentialverteilung nur positive Werte von λ erlaubt sind, also $\lambda > 0$ gelten muss. Mit

$$\mu = \frac{1}{\lambda} = \eta$$

ist dies im Allgemeinen nicht gegeben, da der lineare Prädiktor negativ werden kann. Häufig wird daher eine logarithmische Link-Funktion eingesetzt, für die

$$\log(\mu) = \eta$$

gilt. Diese wird auch im Weiteren beschrieben und für die Beispiele verwendet. Aus dieser Wahl der Link-Funktion folgt

$$\mu = \exp(\eta) \Rightarrow \lambda = \frac{1}{\exp(\eta)}.$$

Für die Likelihood-Funktion gilt mit der Response-Funktion $h(\eta) = \exp(\eta)$

$$f(\boldsymbol{y}; \boldsymbol{\eta}) = \prod_{i=1}^{n} \left(\frac{1}{h(\eta_i)} \exp\left(-\frac{y_i}{h(\eta_i)}\right) \right)$$

$$= \prod_{i=1}^{n} \left(\frac{1}{\exp(\eta_i)} \exp\left(-\frac{y_i}{\exp(\eta_i)}\right) \right). \tag{2.2}$$

Durch Logarithmieren erhält man die log-Likelihood-Funktion

$$l(\boldsymbol{y}; \boldsymbol{\eta}) = \log(f(\boldsymbol{y}; \boldsymbol{\eta}))$$

$$= \sum_{i=1}^{n} \left(-\log(\exp(\eta_i)) - \frac{y_i}{\exp(\eta_i)} \right)$$

$$= \sum_{i=1}^{n} \left(-\eta_i - \frac{y_i}{\exp(\eta_i)} \right). \tag{2.3}$$

Setzt man den linearen Prädiktor ein, ergibt sich

$$l(\boldsymbol{x}, \boldsymbol{y}; \boldsymbol{\beta}) = \sum_{i=1}^{n} \left(-\boldsymbol{x}_i^T \boldsymbol{\beta} - \frac{y_i}{\exp(\boldsymbol{x}_i^T \boldsymbol{\beta})} \right). \tag{2.4}$$

Schließlich erhält man durch Ableiten nach den einzelnen Parametern die Score-Funktion

$$\frac{\partial l(\boldsymbol{x}, \boldsymbol{y}; \boldsymbol{\beta})}{\partial \beta_k} = \sum_{i=1}^{n} \left(\frac{\cdot \, x_{ik} y_i}{\exp(\boldsymbol{x}_i^T \boldsymbol{\beta})} - x_{ik} \right). \tag{2.5}$$

2.2. Regression mit Intervalldaten

Bei Ungenauigkeit in den Daten geht man implizit davon aus, dass es ein theoretisches, exaktes Modell gibt. Unter Umständen kann dieses aber mit den gegebenen

Beobachtungen (auch mit unendlich vielen Daten, also $n \to \infty$) nicht exakt bestimmt werden. In diesem Fall sind die Parameter des Modells nicht oder nur partiell identifiziert. Mit einem Modell, das tatsächlich Intervalldaten erzeugt, also auch theoretisch keine skalaren Werte liefert, unterscheidet sich die Inferenz deutlich von der im ersten Fall: Die Intervalle sollten im zweiten Fall als zusätzliche Information (bei den unabhängigen Variablen) und als zu schätzende Größe (bei den abhängigen Variablen) betrachtet werden [Diamond, 1990; Ferraro et al., 2010; de A. Lima Neto und de A. T. de Carvalho, 2010; D'Urso und Gastaldi, 2010; Blanco-Fernández et al., 2011]. Ein Identifizierungsbereich ist für letzteren Fall nicht sinnvoll interpretierbar.

Ein Beispiel für den zweiten Fall wäre das natürliche Auftreten einer physikalischen Größe (die unabhängige Variable) an einer bestimmten Position mit einer bestimmten Ausdehnung, die zur Erklärung einer anderen Größe (die abhängige Variable) mit einer bestimmten Position und einer bestimmten Ausdehnung herangezogen wird. Beide Größen bestünden aus Intervallen. Was geschätzt werden müsste, wäre also die Position und Ausdehnung der abhängigen Variablen mit der verfügbaren Information. Die verfügbare Information besteht wiederum aus der Position und Ausdehnung der unabhängigen Variablen. Die Schätzung wäre ein klassisches multivariates Regressionsmodell mit zwei unabhängigen Variablen. Ein lineares Modell könnte mit

$$y_{pos} = \beta_0 + \beta_1 x_{pos} + \beta_2 x_{ext} + \epsilon_{pos},$$
$$y_{ext} = \beta_0 + \beta_1 x_{pos} + \beta_2 x_{ext} + \epsilon_{ext} \qquad (2.6)$$

aufgestellt werden, wobei ϵ_{pos} und ϵ_{ext} die jeweiligen Störterme mit einer Bestimmten Verteilung für die Position und die Ausdehnung der abhängigen Variablen sind. Beispielsweise könnte eine Normalverteilung angenommen werden.

Sind die Größen im Modell jedoch theoretisch exakt, können aber nicht beobachtet werden, so ist das Intervall der abhängigen Variablen keine zu schätzende Größe. Dieses ist als Ungenauigkeit der Beobachtung zu interpretieren und damit eine Störung, die eine exakte Schätzung der eigentlich nicht intervallwertigen Größen nicht ermöglicht. Daher muss diese Ungenauigkeit bei der Schätzung beachtet werden [Rohwer und Pötter, 2001; Marino und Palumbo, 2002; Gioia und Lauro, 2005]. Die Ungenauigkeit soll aber nicht wie im ersten Beispiel geschätzt werden, da die theoretische Größe exakt ist. Man will vielmehr einen Bereich bestimmen, in dem die exakte Größe liegen kann: der Identifizierungsbereich. Ein derartiges lineares Modell könnte beispielsweise durch zusätzliche unbeobachtete Variablen aufgestellt werden. Die theoretische abhängige Variable könnte durch das theoretische Modell

$$y = \beta_0 + \beta_1 x + \epsilon \qquad (2.7)$$

mit $\epsilon \sim N(0, \sigma^2)$ beschrieben werden. Man beobachtet aber nur zwei Grenzen $\underline{y}$ und $\overline{y}$, deren Verteilungen in Abhängigkeit von y unbekannt sind. Außerdem könnten auch die unabhängigen Variablen nur als Intervalle $\underline{x}$ und $\overline{x}$ vorliegen. Von Interesse ist in beiden Fällen aber nicht die Verteilung der Grenzen, sondern die Schätzung der Parameter β_0 und β_1.

Die Beiden Modelle (2.6) und (2.7) unterscheiden sich also deutlich in ihrer Struktur (siehe beispielsweise [Cattaneo und Wiencierz, 2012]). Außerdem ist die Interpretation der Intervalle sehr unterschiedlich und damit auch der Ansatz zur Schätzung.

In den nächsten Abschnitten werden verschiedene Ansätze besprochen um Identifizierungsbereiche für die Parameter bei gegebenen Intervalldaten zu bestimmen[1].

2.3. Notation

Die Daten des Regressionsproblems werden zur Designmatrix der unabhängigen Variablen $\boldsymbol{x}$ und dem Vektor der abhängigen Variablen $\boldsymbol{y}$ zusammengefasst. Dabei hat $\boldsymbol{x}$ die Dimension $n \times (p+1)$ mit n Beobachtungen der p unabhängigen Variablen, und $\boldsymbol{y}$ die Dimension $n \times 1$.

Im Weiteren sind die abhängigen und unabhängigen Variablen keine Skalare, sondern als Intervalle $\mathfrak{X}_i = [\underline{x}_i, \overline{x}_i]$ und $\mathfrak{Y}_i = [\underline{y}_i, \overline{y}_i]$ gegeben. $\mathfrak{X}$ und $\mathfrak{Y}$ fassen wie auch im skalaren Fall die einzelnen Beobachtungen zusammen. Es gilt

$$\mathfrak{X} = (\mathfrak{X}_1, \ldots, \mathfrak{X}_n),$$
$$\mathfrak{Y} = (\mathfrak{Y}_1, \ldots, \mathfrak{Y}_n)$$

wobei

$$\mathfrak{X}_i = [\underline{x}_i, \overline{x}_i],$$
$$\mathfrak{Y}_i = [\underline{y}_i, \overline{y}_i]$$

für $i = 1, \ldots, n$ ist.

Wenn die Regressoren $\mathfrak{X}_i$ aus mehreren Beobachtungen bestehen, ergibt sich jeweils ein Vektor aus 2-Tupeln:

$$\mathfrak{X}_i = ([\underline{x}_{i1}, \overline{x}_{i1}], \ldots, [\underline{x}_{ip}, \overline{x}_{ip}]) \text{ für } i = 1, \ldots, n.$$

Offensichtlich ist mit den Intervalldaten eine klassische Schätzung nicht möglich, da diese mit skalaren Werten durchgeführt wird. Aus den jeweiligen Intervallen könnten bestimmte Werte ausgewählt werden. Es ist aber gerade nicht bekannt, welche die wahren Werte in diesen Intervallen sind, die für die Inferenz verwendet werden

---

[1]Die Ansätze in den Abschnitten 2.3, 2.4 und 2.5 basieren auf dem unveröffentlichten Manuskript [Augustin, 2012]. Auch die Notation und Darstellung orientiert sich an dieser Quelle.

sollen. Daher ist das Ziel, alle zulässigen Schätzwerte für einen Modellparameter ϑ zu finden. Ist diese Menge konvex, so erhält man ein Intervall

$$I(\vartheta) := [\underline{\vartheta}, \overline{\vartheta}],$$

als Identifizierungsbereich, in dem alle Schätzwerte liegen, die aus einer beliebigen Kombination von skalaren Werten aus den jeweiligen Intervallen der Daten hervorgehen würden. Ein Schätzwert $\hat{\vartheta}$ ist also zulässig, wenn sich Daten $x_i \in \mathfrak{X}_i$ und $y_i \in \mathfrak{Y}_i$ für $i = 1, \ldots, n$ finden lassen, mit denen das Schätzverfahren zum Schätzwert $\hat{\vartheta}$ führen.

2.4. Formulierung als Optimierungsproblem

Für die lineare Regression kann der Schätzer für die Modellparameter durch das KQ-Kriterium bestimmt werden. Dabei werden die quadrierten Abstände der Beobachtungen zum Erwartungswert des Modells minimiert. Bei der generalisierten linearen Regression kann dieses Kriterium hingegen nicht angewandt werden. Es ist jedoch bekannt, dass die Maximum-Likelihood-Methode für die lineare Regression den gleichen Schätzer liefert wie das KQ-Kriterium und diese zudem auch für die generalisierte lineare Regression geeignet ist.

Bei der Maximum-Likelihood-Schätzung wird $\hat{\vartheta}$ so gewählt, dass die beobachteten Daten mit diesem Parameter die größte Wahrscheinlichkeit hätten. Dazu wird die Likelihood-Funktion $L(\vartheta; \boldsymbol{x}, \boldsymbol{y})$ logarithmiert und anschließend nach ϑ abgeleitet. Dies ergibt die Score-Funktion

$$s(\vartheta; \boldsymbol{x}, \boldsymbol{y}) := \frac{\partial l(\vartheta; \boldsymbol{x}, \boldsymbol{y})}{\partial \vartheta}, \qquad (2.8)$$

wobei $l(\vartheta; \boldsymbol{x}, \boldsymbol{y})$ die logarithmierte Likelihood-Funktion der Daten ist. Für das Maximum von $f(\vartheta; \boldsymbol{x}, \boldsymbol{y})$ gilt $s(\vartheta; \boldsymbol{x}, \boldsymbol{y}) = 0$. Durch Auflösen nach ϑ erhält man $\hat{\vartheta}$ als Schätzwert (siehe beispielsweise [Young und Smith, 2005], Kapitel 8). Diese Score-Funktion gibt damit ein Kriterium für die Gültigkeit eines Schätzwertes vor [Augustin, 2012]. Lassen sich also Daten $x_i \in \mathfrak{X}_i$ und $y_i \in \mathfrak{Y}_i$ für $i = 1, \ldots, n$ und ein $\hat{\vartheta}$ finden, für das $s(\hat{\vartheta}; \boldsymbol{x}, \boldsymbol{y}) = 0$ gilt, so ist $\hat{\vartheta} \in I(\vartheta)$.

Allgemeiner kann auch nur angenommen werden, dass es eine Schätzfunktion $\Psi(\vartheta; \boldsymbol{x}, \boldsymbol{y})$ gibt, die eine eindeutige Nullstelle hat, welche den Schätzer liefert. Für das Intervall der zulässigen Schätzwerte erhält man so

$$\underline{\vartheta} = \min_{\vartheta, \boldsymbol{x}, \boldsymbol{y}} \vartheta, \quad \overline{\vartheta} = \max_{\vartheta, \boldsymbol{x}, \boldsymbol{y}} \vartheta \qquad (2.9)$$

unter den Nebenbedingungen

$$\Psi(\vartheta; \boldsymbol{x}, \boldsymbol{y}) = 0$$
$$x_i \in \mathfrak{X}_i, \ i = 1, \ldots, n$$
$$y_i \in \mathfrak{Y}_i, \ i = 1, \ldots, n$$

als zu lösendes Optimierungsproblem [Augustin, 2012]. Außer der Score-Funktion auf Basis der logarithmierten Likelihood-Funktion wären auch andere Ansätze möglich, wie beispielsweise der M-Schätzer [Godambe, 1991; Shapiro, 2000], der ein Verfahren liefert, um entsprechende Schätzfunktionen zu konstruieren.

2.5. Optimierung mit Strafterm

Da es sich bei der Schätzfunktion um eine komplexe, und insbesondere nicht-lineare Nebenbedingung handelt, ist ein zweiter Ansatz, die Gleichheitsnebenbedingung mit in die Zielfunktion als Strafterm zu integrieren [Augustin, 2012]. So kann man

$$\underline{\vartheta} = \operatorname*{argmin}_{\vartheta; \, \boldsymbol{x}, \boldsymbol{y}} \left(\vartheta + \rho \cdot (\Psi(\vartheta; \boldsymbol{x}, \boldsymbol{y}))^2 \right), \tag{2.10}$$

$$\overline{\vartheta} = \operatorname*{argmax}_{\vartheta; \, \boldsymbol{x}, \boldsymbol{y}} \left(\vartheta - \rho \cdot (\Psi(\vartheta; \boldsymbol{x}, \boldsymbol{y}))^2 \right) \tag{2.11}$$

berechnen, wobei ρ so groß gewählt werden muss, dass die Nebenbedingung

$$\Psi(\vartheta; \boldsymbol{x}, \boldsymbol{y}) = 0$$

implizit erfüllt wird. Weiterhin müssen bei der Optimierung die Nebenbedingungen

$$x_i \in \mathfrak{X}_i, \ i = 1, \ldots, n$$
$$y_i \in \mathfrak{Y}_i, \ i = 1, \ldots, n$$

explizit als Restriktionen eingehalten werden. Diese sind aber ausschließlich linear und lassen sich als Box-Constraints beschreiben. Auf der anderen Seite wird die zu optimierende Funktion deutlich komplexer und ist im Allgemeinen nicht mehr als Polynom darstellbar.

Die erste Formulierung stellt die allgemeine Lösung für das Problem dar. Als Alternative zu diesem Problem mit komplexen Nebenbedingungen kann der zweite Ansatz mit komplexer Zielfunktion verwendet werden. Doch auch hier handelt es sich nicht unbedingt um ein einfacheres Optimierungsproblem, da beispielsweise nicht klar ist, ob die Zielfunktion konvex ist.

In beiden Fällen ist das Optimierungsproblem $n(p+1) + q$ dimensional, wobei n die Anzahl der Beobachtungen, p die Anzahl der abhängigen Variablen x_i, und q die

Dimension des Vektorraums von ϑ ist. Dadurch wird das Problem bei vielen Beobachtungen äußerst rechenintensiv, weshalb effiziente Optimierungsverfahren benötigt werden.

2.6. Analytische Lösung für die lineare Regression

Sind nur die y-Werte als Intervalle gegeben und die x-Werte als Skalare, so können die Schranken für die Parameterschätzer im linearen Modell analytisch bestimmt werden. Für β_1 wird das Verfahren zur Bestimmung der Grenzen von Rohwer und Pötter beschrieben [Rohwer und Pötter, 2001]. Hierbei ist β_0 zwar im Modell enthalten, es wird aber kein Identifizierungsbereich für diesen Parameter bestimmt. Der Ansatz lässt sich aber leicht für β_0 erweitern. Ebenfalls lässt sich das eindimensionale Modell ohne β_0 aus der Grundidee herleiten.

Vorerst wird hier der Ansatz zur Bestimmung der Grenzen des Identifizierungsbereichs von β_1 vorgestellt. Dabei wird das Intervall der abhängigen Variablen y durch

$$y = \underline{y} + \delta$$

beschrieben, wobei $0 \leq \delta \leq \overline{y} - \underline{y}$ gilt. Für die unabhängige Variable gilt hingegen

$$x = \underline{x} = \overline{x}.$$

Diese ist also ein Skalar oder ein triviales Intervall, das nur aus einem Wert besteht. Wird nun die geschlossene Form des Parameterschätzers β_1 herangezogen, sind die zulässigen Schätzer durch

$$\hat{\beta}_1(\delta_1, \ldots, \delta_n) = \frac{n \sum_{i=1}^{n} x_i(\underline{y}_i + \delta_i) - \sum_{i=1}^{n} x_i \sum_{i=1}^{n} (\underline{y}_i + \delta_i)}{n \sum_{i=1}^{n} x_i^2 - \sum_{i=1}^{n} x_i \sum_{i=1}^{n} x_i}$$

$$= \frac{v}{w} + \frac{n}{w} \sum_{i=1}^{n} \left(x_i - \frac{1}{n} \sum_{j=1}^{n} x_j \right) \delta_i \qquad (2.12)$$

gegeben, wobei

$$v := n \sum_{i=1}^{n} x_i \underline{y}_i - \sum_{i=1}^{n} x_i \sum_{i=1}^{n} \underline{y}_i$$

und

$$w := n \sum_{i=1}^{n} x_i^2 - \sum_{i=1}^{n} x_i \sum_{i=1}^{n} x_i$$

ist [Rohwer und Pötter, 2001]. Dabei kann man sehen, dass

$$\hat{\beta}_1(\delta_1, \ldots, \delta_n) \propto \sum_{i=1}^{n} \left(x_i - \frac{1}{n} \sum_{j=1}^{n} x_j \right) \delta_i \qquad (2.13)$$

13

gilt. Wählt man δ_i jeweils so, dass die einzelnen Summanden in (2.13) minimal oder maximal sind, so erhält man auch in der Summe das Minimum und Maximum. Da (2.13) proportional zum Parameterschätzer ist, erhält man dadurch zugleich den minimalen und maximalen zulässigen Parameterschätzer. Es lässt sich leicht erkennen, dass ein Summand minimal ist, wenn

$$\delta_i = \begin{cases} \overline{y}_i - \underline{y}_i & \text{wenn } x_i < \tilde{x} \\ 0 & \text{sonst} \end{cases}$$

gewählt wird und maximal ist, wenn

$$\delta_i = \begin{cases} \overline{y}_i - \underline{y}_i & \text{wenn } x_i > \tilde{x} \\ 0 & \text{sonst} \end{cases}$$

gewählt wird [Rohwer und Pötter, 2001], wobei

$$\tilde{x} := \frac{1}{n} \sum_{j=1}^{n} x_i$$

das arithmetische Mittel von x ist. Das heißt, bei der Maximierung wird für x-Werte, die größer als der Mittelwert sind, die Obergrenze $\overline{y}$ und für x-Werte, die kleiner als der Mittelwert sind, die Untergrenze $\underline{y}$ selektiert. Für die Minimierung wird genau die umgekehrte Auswahl getroffen. Anschließend müssen mit den nun gegebenen Beobachtungen nur noch die Parameterschätzer β_0 und β_1 berechnet werden.

Ist β_0 nicht im Modell enthalten, lässt sich die Idee von Rohwer und Pötter leicht übertragen. Der Parameterschätzer für β ist hier durch

$$\hat{\beta}(\delta_1, \ldots, \delta_n) = \frac{\sum_{i=1}^{n} x_i(\underline{y}_i + \delta_i)}{\sum_{i=1}^{n} x_i^2}$$
$$\propto \sum_{i=1}^{n} x_i(\underline{y}_i + \delta_i) = \sum_{i=1}^{n} x_i \underline{y}_i + \sum_{i=1}^{n} x_i \delta_i$$
$$\propto \sum_{i=1}^{n} x_i \delta_i \tag{2.14}$$

gegeben (siehe auch Kapitel 3, Abschnitt 3.4). Hier muss also nur noch untersucht werden, ob x_i positiv oder negativ ist. Es wird dementsprechend für das Minimum

$$\delta_i = \begin{cases} \overline{y}_i - \underline{y}_i & \text{wenn } x_i < 0 \\ 0 & \text{sonst} \end{cases}$$

und für das Maximum

$$\delta_i = \begin{cases} \overline{y}_i - \underline{y}_i & \text{wenn } x_i > 0 \\ 0 & \text{sonst} \end{cases}$$

gewählt.

Zuletzt wird nun noch eine Vorschrift für die Bestimmung der Grenzen des Identifizierungsintervalls von β_0 hergeleitet. Für den Parameterschätzer $\hat{\beta}_0$ gilt mit skalaren Werten für x und y

$$\hat{\beta}_0 = \frac{1}{n} \sum_{i=1}^{n} y_i - \frac{1}{n} \sum_{i=1}^{n} x_i \hat{\beta}_1,$$

wobei der Parameterschätzer für $\hat{\beta}_1$ eingesetzt werden kann (siehe beispielsweise [Rohwer und Pötter, 2001], Abschnitt 9.2.3). Mit obigen Definitionen können die zulässigen Parameterschätzer für β_0 durch

$$\hat{\beta}_0(\delta_1, \ldots, \delta_n) = \frac{1}{n} \sum_{i=1}^{n} (\underline{y}_i + \delta_i) - \frac{v\tilde{x}}{w} - \frac{n\tilde{x}}{w} \sum_{i=1}^{n} (x_i - \tilde{x})\delta_i$$

$$\propto \frac{1}{n} \sum_{i=1}^{n} \delta_i - \frac{n\tilde{x}}{w} \sum_{i=1}^{n} (x_i - \tilde{x})\delta_i$$

$$= \sum_{i=1}^{n} \left(\frac{1}{n} - \frac{n\tilde{x}}{w}(x_i - \tilde{x}) \right) \delta_i \qquad (2.15)$$

bestimmt werden. Aus (2.15) kann nun die Vorschrift hergeleitet werden. Für das Minimum setzt man

$$\delta_i = \begin{cases} \overline{y}_i - \underline{y}_i & \text{wenn } \frac{1}{n} - \frac{n\tilde{x}}{w}(x_i - \tilde{x}) < 0 \\ 0 & \text{sonst} \end{cases}$$

und für das Maximum

$$\delta_i = \begin{cases} \overline{y}_i - \underline{y}_i & \text{wenn } \frac{1}{n} - \frac{n\tilde{x}}{w}(x_i - \tilde{x}) > 0 \\ 0 & \text{sonst} \end{cases},$$

um die Grenzen des Intervalls für $\hat{\beta}_0$ zu erhalten.

3. Eindimensionaler Parameterraum

Die Suche nach den Intervallgrenzen des zu schätzenden Parameters vereinfacht sich im eindimensionalen Fall deutlich. Insbesondere besteht mit dem iterativen Verfahren zur unabhängigen Optimierung der Score-Anteile eine zuverlässige und wenig rechenaufwendige Methode zur Bestimmung der Extrema.

3.1. Unabhängige Optimierung der Score-Anteile

Für den eindimensionalen Fall $\beta \in \mathbb{R}$ kann auf Grund der besonderen Struktur der Zielfunktion ein spezielles Vorgehen gewählt werden [Augustin, 2012][1]. Es wird angenommen, dass die Schätzfunktion $\Psi(\beta; \boldsymbol{x}, \boldsymbol{y})$ eine eindeutige Nullstelle in $\hat{\beta}$ hat und $\hat{\beta}$ dadurch ein unverzerrter Schätzer für den wahren Parameter ist. Außerdem sei $\Psi(\beta; \boldsymbol{x}, \boldsymbol{y})$ strikt monoton fallend in β für alle $x_i \in \mathfrak{X}_i$ und $y_i \in \mathfrak{Y}_i$ mit $i = 1, \ldots, n$. Weiterhin gelte

$$\Psi(\beta; \boldsymbol{x}, \boldsymbol{y}) = \sum_{i=1}^{n} \Psi_i(\beta; x_i, y_i), \tag{3.1}$$

das heißt, die Schätzfunktion lässt sich in unabhängige Summanden aufteilen, die jeweils nur von einer Beobachtung (x_i, y_i) und dem eindimensionalen Parameter β abhängen. Dies gilt für alle Score-Funktionen, die auf der logarithmierten Likelihood-Funktion basieren: Für jede Beobachtung kommt ein weiterer Faktor hinzu, welcher durch logarithmieren zu einem weiteren Summanden wird.

Ist Ψ zudem in β strikt monoton fallend, dann gilt: aus

$$\Psi(\hat{\beta}^{(t)}; \boldsymbol{x}^{(t)}, \boldsymbol{y}^{(t)}) > \Psi(\hat{\beta}^{(t)}; \boldsymbol{x}^{(t+1)}, \boldsymbol{y}^{(t+1)}) \tag{3.2}$$

$$\Rightarrow \hat{\beta}^{(t)} > \hat{\beta}^{(t+1)}, \tag{3.3}$$

---

[1]Der Ansatz und die Darstellung in diesem Abschnitt basieren wieder auf dem unveröffentlichten Manuskript [Augustin, 2012]

wenn

$$\Psi(\hat{\beta}^{(t)}; \boldsymbol{x}^{(t)}, \boldsymbol{y}^{(t)}) = 0,$$
$$\Psi(\hat{\beta}^{(t+1)}; \boldsymbol{x}^{(t+1)}, \boldsymbol{y}^{(t+1)}) = 0,$$
$$\boldsymbol{x}^{(m)}, \boldsymbol{x}^{(m+1)} \in \mathfrak{X},$$
$$\boldsymbol{y}^{(m)}, \boldsymbol{y}^{(m+1)} \in \mathfrak{Y}.$$

Das heißt, man sucht für ein festes $\hat{\beta}^{(t)}$ die Daten aus den gegeben Intervallen aus, die die Schätzfunktion minimieren. Anschließend bestimmt man $\hat{\beta}^{(t+1)}$ so, dass die Schätzfunktion wieder 0 ist. Damit erhält man einen kleineren zulässigen Schätzwert als zuvor. Außerdem gilt, wenn

$$\Psi(\hat{\beta}^{(m)}; \boldsymbol{x}^{(m)}, \boldsymbol{y}^{(m)}) = 0$$

und

$$\nexists \, (\boldsymbol{x}^{(m+1)}, \boldsymbol{y}^{(m+1)})$$

mit

$$\Psi(\hat{\beta}^{(m)}; \boldsymbol{x}^{(m)}, \boldsymbol{y}^{(m)}) > \Psi(\hat{\beta}^{(m)}; \boldsymbol{x}^{(m+1)}, \boldsymbol{y}^{(m+1)}),$$

wobei

$$\boldsymbol{x}^{(m)}, \boldsymbol{x}^{(m+1)} \in \mathfrak{X},$$
$$\boldsymbol{y}^{(m)}, \boldsymbol{y}^{(m+1)} \in \mathfrak{Y},$$

so folgt direkt

$$\hat{\beta}^{(m)} = \underline{\beta}.$$

Für die untere Grenze des Parameterintervalls $I(\beta)$ gibt es also bei gegebenem $\hat{\beta}^{(m)} = \underline{\beta}$ keine Kombination $x_i^{(m+1)} \in \mathfrak{X}_i$ und $y_i^{(m+1)} \in \mathfrak{Y}_i$, $i = 1, \ldots, n$, für die die Schätzfunktion kleiner ist als für $x_i^{(m)} \in \mathfrak{X}_i$ und $y_i^{(m)} \in \mathfrak{Y}_i$, $i = 1, \ldots, n$. Daraus folgt auch in die andere Richtung, dass $\underline{\beta} = \hat{\beta}^{(m)}$ sein muss, wenn die Score-Funktion nicht mehr über die Beobachtungen verringert werden kann. Analoge Aussagen gelten für $\overline{\beta}$, wobei man jeweils das Maximum der Score-Funktion über die Werte im zulässigen Bereich sucht.

Bisher wurde angenommen, dass die Score-Funktion monoton fallend ist. Ist dies nicht der Fall, kann die selbe Argumentation mit umgekehrten Vorzeichen geführt werden: Ist $\Psi(\beta; \boldsymbol{x}, \boldsymbol{y})$ streng monoton steigend in β, so erhält man durch Minimierung von $\Psi(\beta; \boldsymbol{x}, \boldsymbol{y})$ das Maximum und durch die Maximierung das Minimum. Für streng monoton fallende Funktionen spricht aber folgendes Argument: Ist die eindeutige Nullstelle der Score-Funktion das globale Maximum der Likelihood-Funktion, so ist die Likelihood-Funktion konkav. Daraus folgt wiederum, dass die Score-Funktion streng monoton fallend ist.

Aus diesen Eigenschaften lässt sich ein iteratives Vorgehen definieren, das gegen die Grenzen das Intervalls $I(\beta)$ konvergiert: Zuerst wählt man einen zulässigen Startpunkt $(\hat{\beta}^{(0)}; \boldsymbol{x}^{(0)}, \boldsymbol{y}^{(0)})$. Anschließend sucht man $(\hat{\beta}^{(0)}; \boldsymbol{x}^{(1)}, \boldsymbol{y}^{(1)})$ mit kleinerer Score-Funktion und danach das $\hat{\beta}^{(1)}$, für das die Score-Funktion mit den neuen Punkten wieder 0 ist. Dies wiederholt man so lange, bis ein Konvergenzkriterium erfüllt ist (siehe Algorithmus 1).

Algorithmus 1 Iterativer Algorithmus zur Suche der Grenzen $\underline{\beta}$ beziehungsweise $\overline{\beta}$ des Identifizierungsbereichs. Ist $\Psi(\beta; \boldsymbol{x}, \boldsymbol{y})$ streng monoton fallend in β, erhält man $\underline{\beta}$. Ist die Schätzfunktion streng monoton steigend, erhält man $\overline{\beta}$. Um die jeweils andere Grenze zu finden, muss $\Psi(\beta; \boldsymbol{x}, \boldsymbol{y})$ über $(\boldsymbol{x}, \boldsymbol{y})$ maximiert werden.

1: Setze $t = 0$.
2: Wähle einen zulässigen Startpunkt $(\hat{\beta}^{(0)}; \boldsymbol{x}^{(0)}, \boldsymbol{y}^{(0)})$ mit

$$\Psi(\hat{\beta}^{(0)}; \boldsymbol{x}^{(0)}, \boldsymbol{y}^{(0)}) = 0$$

und

$$x_i^{(0)} \in \mathfrak{X}_i \text{ und } y_i^{(0)} \in \mathfrak{Y}_i \text{ für } i = 1, \ldots, n.$$

3: **for** $t = 1 \to m$ **do**
4:     Bestimme

$$(\boldsymbol{x}^{(t+1)}, \boldsymbol{y}^{(t+1)}) = \underset{\boldsymbol{x} \in \mathfrak{X}, \boldsymbol{y} \in \mathfrak{Y}}{\operatorname{argmin}} \Psi(\hat{\beta}^{(t)}; \boldsymbol{x}, \boldsymbol{y})$$

5:     Suche $\hat{\beta}^{(t+1)}$ mit

$$\Psi(\hat{\beta}^{(t+1)}; \boldsymbol{x}^{(t+1)}, \boldsymbol{y}^{(t+1)}) = 0$$

6:     Setze $t = t + 1$.
7: **end for**

Der große Vorteil dieses Vorgehens besteht darin, dass die Optimierung von $\Psi(\beta; \boldsymbol{x}, \boldsymbol{y})$ durch die Voraussetzung (3.1) deutlich vereinfacht wird. Durch die Trennbarkeit gilt

$$\min_{\boldsymbol{x} \in \mathfrak{X}, \boldsymbol{y} \in \mathfrak{Y}} \Psi(\beta; \boldsymbol{x}, \boldsymbol{y}) = \sum_{i=1}^{n} \min_{x_i \in \mathfrak{X}_i, y_i \in \mathfrak{Y}_i} \Psi_i(\beta; x_i, y_i), \tag{3.4}$$

da die einzelnen Summanden nur von jeweils einer Beobachtung (x_i, y_i) abhängen und der Parameter β fest ist. Der Rechenaufwand einer Iteration ist daher $\mathcal{O}(n)$. Die Dimension des Optimierungsproblems steigt im Gegensatz zu den anderen Ansätzen nicht mit n, sondern bleibt konstant.

Unabhängig von der algorithmischen Realisierung lässt sich dieser Ansatz mathematisch wie folgt Beschreiben [Augustin, 2012]: Es gelten die Annahmen wie zuvor. Seien $\underline{\Psi}(\beta; \mathfrak{X}, \mathfrak{Y})$ und $\overline{\Psi}(\beta; \mathfrak{X}, \mathfrak{Y})$ die untere beziehungsweise die obere Einhüllende der Schätzfunktion $\Psi(\beta; x, y)$ mit den Eigenschaften

$$\underline{\Psi}(\beta; \mathfrak{X}, \mathfrak{Y}) := \sum_{i=1}^{n} \underline{\Psi}_i(\beta; \mathfrak{X}_i, \mathfrak{Y}_i) = \sum_{i=1}^{n} \min_{x_i \in \mathfrak{X}_i, y_i \in \mathfrak{Y}_i} \Psi_i(\beta; x_i, y_i), \qquad (3.5)$$

$$\overline{\Psi}(\beta; \mathfrak{X}, \mathfrak{Y}) := \sum_{i=1}^{n} \overline{\Psi}_i(\beta; \mathfrak{X}_i, \mathfrak{Y}_i) = \sum_{i=1}^{n} \max_{x_i \in \mathfrak{X}_i, y_i \in \mathfrak{Y}_i} \Psi_i(\beta; x_i, y_i), \qquad (3.6)$$

dann gilt für die obere und untere Grenze des Parameterintervalls $I(\beta)$

$$\underline{\Psi}(\underline{\beta}; \mathfrak{X}, \mathfrak{Y}) = 0 \qquad (3.7)$$

und

$$\overline{\Psi}(\overline{\beta}; \mathfrak{X}, \mathfrak{Y}) = 0, \qquad (3.8)$$

wenn $\Psi(\beta; x, y)$ in β streng monoton fällt, und

$$\overline{\Psi}(\underline{\beta}; \mathfrak{X}, \mathfrak{Y}) = 0 \qquad (3.9)$$

und

$$\underline{\Psi}(\overline{\beta}; \mathfrak{X}, \mathfrak{Y}) = 0, \qquad (3.10)$$

wenn $\Psi(\beta; x, y)$ streng monoton steigt. Beide Fälle sind aber leicht auf den ersten zu reduzieren, da eine streng monoton steigende Schätzfunktion durch Multiplikation mit -1 in eine streng monoton fallende transformiert werden kann, ohne dass sich dabei die Nullstellen ändern.

In der Praxis kann einfach minimiert und maximiert werden. Es ist also nicht nötig festzustellen, ob die Score-Funktion fallend oder steigend ist. Vorerst ist so zwar nicht ersichtlich, welche der beiden Grenzen das Maximum und welche das Minimum ist. Nach Ablauf des Verfahrens können die beiden Werte aber einfach der Größe nach angeordnet werden. Der kleinere Wert ist das Minimum und der größere das Maximum.

3.2. Lineare Regression

Das in Abschnitt 3.1 beschriebene Vorgehen, soll nun für die lineare Regression praktisch umgesetzt werden. Dabei werden die einzelnen Anteile der Score-Funktion optimiert, um die Extremstellen der ganzen Score-Funktion zu finden. Wie gezeigt wurde, kann so in einem iterativen Verfahren $I(\beta)$ bestimmt werden. Andere Methoden für die lineare Regression mit Intervalldaten wurden bereits von verschiedenen

Autoren beschrieben [Rohwer und Pötter, 2001; Marino und Palumbo, 2002; Bontemps et al., 2012].

Für den Fall der klassischen einfachen linearen Regression ohne Intercept (siehe beispielsweise [Fahrmeir et al., 2009]) ist $X, Y \in \mathbb{R}$ und $\beta \in \mathbb{R}$. Außerdem gilt der Zusammenhang

$$Y = X\beta + \epsilon. \tag{3.11}$$

Es wird zudem angenommen, dass die abhängige Variable Y normalverteilt ist mit $Y \sim N(X\beta, \sigma^2)$, beziehungsweise $\epsilon \sim N(0, \sigma^2)$. Damit ist die entsprechende Likelihood-Funktion für die Daten x_i und y_i mit $i = 1, \ldots, n$ gegeben durch

$$L(\boldsymbol{x}, \boldsymbol{y}; \beta) = \frac{1}{(2\pi\sigma^2)^{n/2}} \exp\left(-\frac{1}{2\sigma^2} \sum_{i=1}^{n} (y_i - x_i\beta)^2\right). \tag{3.12}$$

Durch Logarithmieren erhält man die log-Likelihood-Funktion

$$l(\boldsymbol{x}, \boldsymbol{y}; \beta) = -\frac{n}{2} \log(2\pi\sigma^2) - \frac{1}{2\sigma^2} \sum_{i=1}^{n} (y_i - x_i\beta)^2. \tag{3.13}$$

Leitet man $l(\boldsymbol{x}, \boldsymbol{y}; \beta)$ nach β ab, ergibt sich die Score-Funktion

$$\frac{\partial}{\partial \beta} l(\boldsymbol{x}, \boldsymbol{y}; \beta) = \frac{1}{\sigma^2} \sum_{i=1}^{n} x_i(y_i - x_i\beta) \propto \sum_{i=1}^{n} (x_i y_i - x_i^2 \beta) =: s(\boldsymbol{x}, \boldsymbol{y}; \beta). \tag{3.14}$$

Die einzelnen Summanden von $s(\boldsymbol{x}, \boldsymbol{y}; \beta)$ sind für $i = 1, \ldots, n$ unabhängig. Dies erleichtert die Optimierung von $s(\boldsymbol{x}, \boldsymbol{y}; \beta)$ über $\boldsymbol{x}$ und $\boldsymbol{y}$, da der Anteil für jede Beobachtung (x_i, y_i) unabhängig von den anderen Beobachtungen optimiert werden kann (siehe Abschnitt 3.1). Es soll im Weiteren die Definition

$$s_i(x_i, y_i; \beta) := x_i y_i - x_i^2 \beta \tag{3.15}$$

gelten. Gesucht ist das Minimum und Maximum der partiellen Score-Funktion s_i. Diese ist wegen

$$\frac{\partial}{\partial y_i} s_i(x_i, y_i; \beta) = \frac{\partial}{\partial y_i} (x_i y_i - x_i^2 \beta) = x_i \tag{3.16}$$

in y_i linear mit der Steigung x_i, steigt oder fällt also für $y_i \to \infty$ und $x_i \neq 0$ über alle Grenzen. Die partielle Ableitung nach x_i ist

$$\frac{\partial}{\partial x_i} s_i(x_i, y_i; \beta) = \frac{\partial}{\partial x_i} (x_i y_i - x_i^2 \beta) = y_i - x_i 2\beta. \tag{3.17}$$

Daher befindet sich die einzige Nullstelle des Gradienten in $x_i = 0$, $y_i = 0$. Die partielle Score-Funktion ist zwar für festes y_i in x_i konvex oder konkav, aber nicht in Verbindung mit y_i (siehe Abbildung 3.1 und 3.2). Da $s_i(x_i, y_i; \beta)$ in y_i linear ist, müssen sich das Minimum und das Maximum – falls diese eindeutig sind, also $x_i \neq 0$ ist – auf den Begrenzungen von y_i befinden. Weil $s_i(x_i, y_i; \beta)$ für festes y_i in x_i konvex oder konkav ist, liegen die Extrema entweder auf den Begrenzungen oder an der Stelle, an der die Ableitung 0 ist. Um diese Stelle zu bestimmen, berechnet man

$$y_i - x_i 2\beta \overset{!}{=} 0 \quad \Rightarrow \quad x_i = \frac{y_i}{2\beta}. \tag{3.18}$$

Dieses Extremum ist aber nur zulässig, wenn $x_i \in [\underline{x_i}, \overline{x_i}]$. Eine einfache Lösung des Optimierungsproblems ist nun, die partielle Score-Funktion für diese vier bis sechs möglichen Punkte auszuwerten und den Punkt mit dem größten beziehungsweise kleinsten Funktionswert zu wählen. Liegt die Nullstelle nicht im zulässigen Bereich, wird sie einfach ignoriert.

Alternativ kann man mit Fallunterscheidungen feststellen, ob die Zielfunktion konvex oder konkav ist. Anschließend könnten mit weiteren Fallunterscheidungen die Extrema im zulässigen Bereich bestimmt werden. So könnte auf die Funktionsauswertungen verzichtet werden. In diesem Fall sind die Funktionsauswertungen aber nicht besonders rechenintensiv, wodurch das erste Vorgehen einfacher erscheint.

In Abbildung 3.3 werden einige sehr einfache Beispiele zur Illustration der Ergebnisse dargestellt. Hier kann man erkennen, dass durch die Restriktion $x = 0 \Rightarrow y = 0$ die beiden Regressionsgeraden sehr unterschiedlich ausfallen, wenn die Daten bei $x = 0$ liegen. Allgemein werden die Daten durch das Verfahren aus den Intervallen so gewählt, dass die größte und kleinste mögliche Steigung für β erreicht wird.

3.3. Exponentialverteilung mit log-Link

In diesem Abschnitt soll das gleiche iterative Vorgehen auf ein generalisiertes lineares Modell mit Exponentialverteilung und log-Link angewandt werden. Dabei gibt es wieder nur einen zu schätzenden Parameter β. Die Score-Funktion ergibt in diesem Fall

$$s(\beta; \boldsymbol{x}, \boldsymbol{y}) = \frac{\partial l(\boldsymbol{x}, \boldsymbol{y}; \beta)}{\partial \beta} = \sum_{i=1}^{n} \left(\frac{x_i y_i}{\exp(x_i \beta)} - x_i \right). \tag{3.19}$$

Wieder kann man die einzelnen Summanden unabhängig voneinander optimieren. Dazu wird vorerst die Ableitung bestimmt. Man erhält

$$\frac{\partial}{\partial x_i} s(\beta; x_i, y_i) = \frac{y_i - x_i y_i \beta}{\exp(x_i \beta)} - 1 \tag{3.20}$$

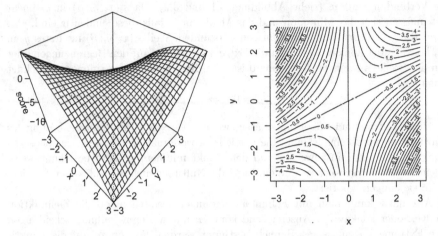

Abbildung 3.1.: Anteile der Score-Funktion für $\beta = 0.5$ bei der linearen Regression ohne Intercept nach x_i und y_i. Dabei kann man in der rechten Abbildung deutlich erkennen, dass der Anteil der Score-Funktion für $x_i = 0$ unabhängig von y_i konstant 0 ist. Für festes $x_i \neq 0$ steigt die Score-Funktion linear in y_i. In einem rechteckigen Bereich liegt das Maximum und das Minimum demnach immer auf den y-Begrenzungen.

und

$$\frac{\partial}{\partial y_i} s(\beta; x_i, y_i) = \frac{x_i}{\exp(x_i\beta)}. \tag{3.21}$$

Wie bei der linearen Regression ist die Ableitung nach y_i für gegebenes x_i und β konstant. Das heißt analog, dass die Score-Funktion in y_i monoton steigt, fällt oder konstant bleibt und daher die Extrema auf den Intervallgrenzen liegen müssen. Die Ableitung nach x_i ist hingegen nicht als Polynom darstellbar. Man erhält hier eine transzendentale Funktion. Durch Gleichsetzen mit 0 und Umformen erhält man

$$\frac{\partial}{\partial x_i} s(\beta; x_i, y_i) \overset{!}{=} 0$$

$$\Rightarrow \exp(x_i\beta) = y_i(1 - x_i\beta)$$

$$\Rightarrow (1 - x_i\beta)\exp(-x_i\beta) = \frac{1}{y_i}$$

$$\Rightarrow (1 - x_i\beta)\exp(1 - x_i\beta) = \frac{e}{y_i}$$

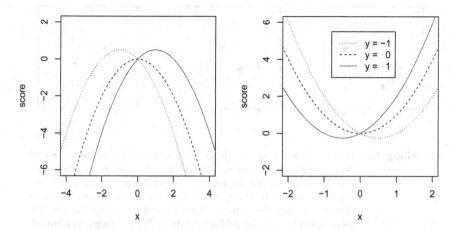

Abbildung 3.2.: Score-Anteile bei der einfachen linearen Regression ohne Intercept für $\beta = 0.5$ (links) und $\beta = -1$ (rechts) mit den y-Werten $y = -1, 0, 1$ in beide Abbildungen. Das jeweils dargestellte lokale Extremum ist zugleich das einzige für den angegebenen festen Wert von y. Daher sind die partiellen Score-Funktionen für festes y in x konvex oder konkav.

mit $e := \exp(1)$. Durch Substitution mit $a := 1 - x_i\beta$ kann man die Gleichung in eine Form bringen, die es erlaubt, die Lambertsche W-Funktion zu verwenden, um nach x_i aufzulösen. Dabei gilt

$$a \cdot \exp(a) = \frac{e}{y_i} \Rightarrow a = W\left(\frac{e}{y_i}\right),$$

wobei W die Lambertsche W-Funktion ist [Barry et al., 1995; Corless et al., 1996; World, 2012]. Diese wird durch

$$a = W(a)\exp(W(a))$$

definiert und hat für $a \geq 0$ und $a = -1/e$ genau eine reelle Lösung, für $-1/e < a < 0$ zwei reelle Lösungen, und für $a < -1/e$ keine reelle Lösung. Gibt es keine Lösung, so hat die Ableitung nach x_i keine Nullstelle und damit gibt es auch keine lokalen Minima, Maxima und Sattelpunkte. Daraus folgt wiederum, dass das Minimum und Maximum auf den Intervallgrenzen von x_i liegen muss. In allen anderen Fällen sind die Nullstellen mögliche Extremstellen und müssen weiter beachtet werden.

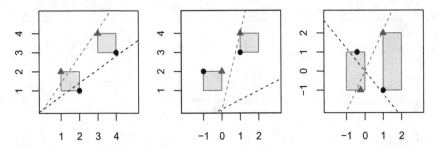

Abbildung 3.3.: Drei Beispiele für Intervalldaten mit jeweils zwei Beobachtungen und den entsprechenden Regressionsgeraden ohne Intercept. Die (grünen) Rechtecke zeigen die Intervalle der Beobachtungen. Die (blauen) Kreise geben die Daten zur Regressionsgerade mit der kleinsten Steigung wieder. Die (roten) Dreiecke sind die Daten für die Regressionsgerade mit der größten Steigung. Die gestrichelten Geraden zeigen jeweils die zugehörige Regression.

Setzt man nun wieder für a ein, so erhält man

$$(1 - x_i\beta) = W\left(\frac{e}{y_i}\right)$$

und durch Umformen

$$x_i = \frac{1 - W\left(\frac{e}{y_i}\right)}{\beta}. \tag{3.22}$$

In R kann die Lambertsche W-Funktion mit dem Paket `gsl` berechnet werden [Hankin, 2006; Hankin et al., 2011b]. Dieses ist lediglich ein Wrapper für die GNU Scientific Library, die eine entsprechende Funktion anbietet [Hankin et al., 2011a].

Prinzipiell kann es also entweder zwei lokale Extrema, eines oder keines geben (siehe Abbildungen 3.4, 3.5 und 3.6). Damit es aber keine oder mehrere Lösungen von (3.22) gibt, müsste $y < 0$ gelten. Dies ist wiederum durch die Modellannahme mit der Exponentialverteilung ausgeschlossen. Daher wird sich stets eine Nullstelle der Ableitung finden lassen, da $y \geq 0$ ist. Die Score-Funktionen nach x nehmen also die Formen aus Abbildung 3.5 an.

Dennoch ist es an dieser Stelle interessant zu beobachten, dass die Score-Funktion im Allgemeinen in x nicht konvex oder konkav ist (siehe Abbildung 3.6). Dies könnte folglich auch für andere Score-Funktionen gelten und den zulässigen Bereich betreffen. In diesem Fall kann aber wie bei der linearen Regression aus Abschnitt 3.2 vorgegangen werden.

In Abbildungen 3.7 werden wieder einige sehr einfache Beispiele dargestellt. Es ist hierbei auf die Lage der x-Werte zu achten, denn diese beeinflusst die Form der Regressionskurve entscheidend.

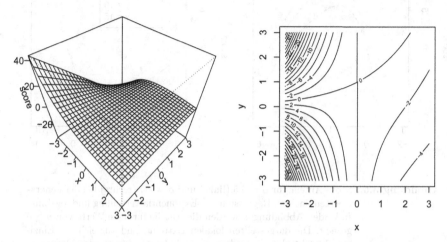

Abbildung 3.4.: Anteile der Score-Funktion für $\beta = 0.5$ bei der generalisierten linearen Regression mit Exponentialverteilung und log-Link ohne Intercept nach x_i und y_i.

3.4. Direkte Optimierung des Parameters

In Kapitel 2, Abschnitt 2.4 wurde bereits beschrieben, wie die Menge der zulässigen Schätzer durch Optimierung unter Nebenbedingungen theoretisch bestimmt werden kann. Praktisch muss das Problem numerisch gelöst werden. Da die Dimension der Zielfunktion mit jeder weiteren Beobachtung um eine weitere Dimension wächst, stellt dies jedoch eine Herausforderung da.

In diesem Abschnitt wird beschrieben, wie die gesuchten Grenzen des Parameterintervalls praktisch durch direkte Optimierung des gesuchten Parameters bestimmt werden kann. Dabei müssen die Nebenbedingungen, das heißt die Intervallgrenzen der Beobachtungen und die Zulässigkeit des Schätzwertes berücksichtigt werden. Vorerst wird hier wieder nur die Regression mit einer unabhängigen Variable und ohne Intercept betrachtet. Eine Verallgemeinerung folgt in Kapitel 4.

Bei der lineare Regression gibt es mit gegebenen skalaren Beobachtungen x_i und

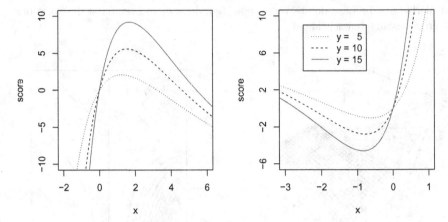

Abbildung 3.5.: Score-Anteile für $\beta = 0.5$ (links) und $\beta = -1$ (rechts) bei der generalisierten linearen Regression mit Exponentialverteilung und log-Link. In beiden Abbildungen werden die Anteile für feste Werte von $y > 0$ gezeigt. Die dargestellten lokalen Extrema sind zugleich die Einzigen. Es gibt also ein eindeutiges globales Maximum oder Minumum und die Funktion ist entweder konvex oder konkav.

y_i für die Bestimmung des Parameters β eine geschlossene Form. Mit einer unabhängigen Variable ohne Intercept gilt

$$\hat{\beta}(\boldsymbol{x}, \boldsymbol{y}) = \frac{\sum_{i=1}^{n} x_i y_i}{\sum_{i=1}^{n} x_i^2}. \tag{3.23}$$

Da dieser Schätzer zugleich der Maximum-Likelihood-Schätzer ist, ist er ein zulässiger Schätzer, wenn $x_i \in \mathfrak{X}_i$ und $y_i \in \mathfrak{Y}_i$ für $i = 1, \ldots, n$ gilt. Die Nebenbedingung $\Psi(\beta; \boldsymbol{x}, \boldsymbol{y}) = 0$ ist daher automatisch erfüllt. Es muss also nur noch

$$\underline{\beta} = \min_{\boldsymbol{x}, \boldsymbol{y}} \hat{\beta}(\boldsymbol{x}, \boldsymbol{y}) \quad \text{und} \quad \overline{\beta} = \max_{\boldsymbol{x}, \boldsymbol{y}} \hat{\beta}(\boldsymbol{x}, \boldsymbol{y}) \tag{3.24}$$

unter den Nebenbedingungen

$$x_i \in \mathfrak{X}_i, \ i = 1, \ldots, n$$
$$y_i \in \mathfrak{Y}_i, \ i = 1, \ldots, n$$

bestimmt werden. Zur Optimierung von (3.24) kann nun ein numerisches Verfahren eingesetzt werden. An dieser Stelle soll schon darauf hingewiesen werden, dass ein

26

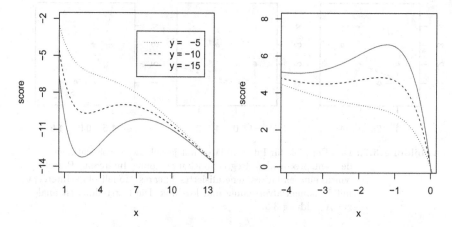

Abbildung 3.6.: Score-Anteile für $\beta = 0.5$ (links) und $\beta = -1$ (rechts) bei der generalisierten linearen Regression mit Exponentialverteilung und log-Link. In diesem Fall werden Funktionen mit $y < 0$ gezeigt, die im Regressionsmodell durch die Annahme, dass $y \geq 0$ ist, ausgeschlossen sind. Man kann beobachten, dass in diesem Fall aber durchaus mehrere lokal Extrema vorliegen können.

numerisches Verfahren nicht zwingend das globale Extremum findet, sondern unter Umständen ein lokales Extremum.

Im Allgemeinen kann der Parameterschätzer in generalisierten linearen Modellen – insbesondere mit mehrdimensionalen Parametern – nicht in einer geschlossenen Form bestimmt werden. In diesen Fällen muss auch für die Bestimmung des Parameters für eine Kombination von zulässigen Beobachtungen $x_i \in \mathfrak{X}_i$ und $y_i \in \mathfrak{Y}_i$ für $i = 1, \ldots, n$ ein numerisches Verfahren eingesetzt werden. Dennoch kann ein ähnliches Vorgehen verwendet werden: Anstatt den Parameterschätzer mit der geschlossenen Form zu optimieren, kann er auch mit der numerischen Schätzmethode bestimmt werden. Dadurch ist wiederum die Nebenbedingung der Score-Funktion erfüllt.

Für die Bestimmung der Parameterschätzer in generalisierten linearen Modellen gibt es äußerst effiziente Algorithmen, wie das Verfahren nach Newton-Raphson oder das Fischer-Scoring [Jennrich und Sampson, 1976; Ypma, 1995]. Die Methode **glm** in R verwendet *Iteratively Reweighted Least Squares* zur Bestimmung des Minimums [Davies und R Development Core Team, 2012; Hollanda und Welschb, 1977]. Dadurch ist es möglich für jede Funktionsauswertung mit einem derartigen Algo-

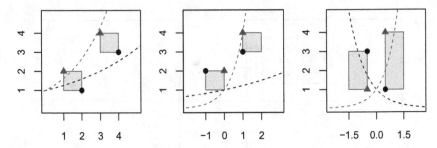

Abbildung 3.7.: Drei Beispiele für Intervalldaten mit jeweils zwei Beobachtungen und den entsprechenden Regressionskurven ohne Intercept. Berechnet wurde eine einfaches generalisiertes lineares Modell ohne Intercept mit Exponentialverteilung und log-Link. Die Darstellung ist analog zur Abbildung 3.3.

rithmus den zulässigen Schätzer für die gegebenen Beobachtungen zu berechnen. Der Gradient, der für L-BFGS-B nötig ist, ist hier aber nicht mehr bekannt. Die Implementierung von L-BFGS-B in R in der Methode `optim` kann diesen aber numerisch schätzen [R Development Core Team, 2012c]. Das Verfahren wird dadurch zwar langsamer, kann aber noch immer angewandt werden.

Abschließend wird das Vorgehen in Algorithmus 2 zusammengefasst. Ein sinnvoller Startwert ist die Mitte der Intervalle. Dadurch kann eine Bevorzugung bestimmter Richtungen auf Grund des Startwertes verhindert werden. Dass dadurch aber auf Grund der Krümmung nicht doch ein lokales Minimum bestimmt wird, kann trotzdem nicht ausgeschlossen werden.

Für den Fall der linearen Regression, für den mit (3.24) eine geschlossene Form des Parameterschätzers vorliegt, kann zusätzlich der Gradient angegeben werden. Es gilt

$$\nabla \hat{\beta}(\boldsymbol{x}, \boldsymbol{y}) = \left(\frac{\partial \hat{\beta}(\boldsymbol{x}, \boldsymbol{y})}{\partial x_1}, \dots, \frac{\partial \hat{\beta}(\boldsymbol{x}, \boldsymbol{y})}{\partial x_n}, \frac{\partial \hat{\beta}(\boldsymbol{x}, \boldsymbol{y})}{\partial y_1}, \dots, \frac{\partial \hat{\beta}(\boldsymbol{x}, \boldsymbol{y})}{\partial y_n} \right)^T \quad (3.25)$$

mit

$$\frac{\partial \hat{\beta}(\boldsymbol{x}, \boldsymbol{y})}{\partial x_k} = \frac{y_k}{\sum_{i=1}^n x_i^2} - \frac{2 x_k \sum_{i=1}^n x_i y_i}{\left(\sum_{i=1}^n x_i^2 \right)^2} \quad (3.26)$$

und

$$\frac{\partial \hat{\beta}(\boldsymbol{x}, \boldsymbol{y})}{\partial y_k} = \frac{x_i}{\sum_{i=1}^n x_i^2}. \quad (3.27)$$

Algorithmus 2 Direkte Optimierung des Parameterschätzers unter Verwendung eines numerischen Optimierungsverfahrens. Die innere Schätzung des zulässigen Parameters kann, wenn möglich, durch eine geschlossene Form des Parameterschätzers realisiert werde. In den übrigen Fällen muss auch hier ein numerisches Verfahren verwendet werden.

1: Setze für $x^{(0)}$ und $y^{(0)}$ die Intervallmitten ein:

$$x_i^{(0)} = (\underline{x}_i + \overline{x}_i)/2, \; i = 1, \ldots, n$$
$$y_i^{(0)} = (\underline{y}_i + \overline{y}_i)/2, \; i = 1, \ldots, n$$

2: Verwende ein numerisches Verfahren um $\hat{\beta}(x, y)$ über x und y zu minimieren. Die Zielfunktion $\hat{\beta}(x, y)$ ist dabei ein beliebiges Verfahren, das die zulässige Lösung des Parameterschätzers für ein gegebenes $(x^{(t)}, y^{(t)})$ liefert. Starte das Verfahren an dem Punkt $(x^{(0)}, y^{(0)})$:

$$\underline{\beta} = \min_{x,y} \hat{\beta}(x, y) \text{ und } \overline{\beta} = \max_{x,y} \hat{\beta}(x, y)$$

unter den Nebenbedingungen

$$x_i \in \mathfrak{X}_i, \; i = 1, \ldots, n$$
$$y_i \in \mathfrak{Y}_i, \; i = 1, \ldots, n.$$

Durch die Angabe des Gradienten kann die Optimierung mit dem Verfahren L-BFGS-B deutlich beschleunigt werden, da dieser nicht numerisch geschätzt werden muss.

3.5. Optimierung des Parameters mit Strafterm

In diesem Abschnitt wird die Optimierung des eindimensionalen Parameters mit einem Strafterm behandelt, wie es in Kapitel 2 Abschnitt 2.5 beschrieben ist. Das Verfahren ist praktisch in erster Linie für die Optimierung mehrdimensionaler Parameterräume interessant, es soll hier aber besprochen werden, da die Ergebnisse mit anderen Verfahren verglichen werden können. Somit lassen sich die Ergebnisse validieren. Im mehrdimensionalen Fall gibt es kein Verfahren, das ohne numerische Optimierung auskommen, und die Ergebnisse können somit nicht verglichen werden.

Der größte Unterschied zum Verfahren aus Abschnitt 3.4 ist, dass die Gleichheits-nebenbedingung der Score-Funktion in die Zielfunktion als Strafterm aufgenommen wird und damit implizit eingehalten werden kann. Es soll also

$$\underline{\beta} = \operatorname*{argmin}_{\beta;\, \boldsymbol{x}, \boldsymbol{y}} \left(\beta + \rho \cdot (\Psi(\beta; \boldsymbol{x}, \boldsymbol{y}))^2 \right) \tag{3.28}$$

und

$$\overline{\beta} = \operatorname*{argmax}_{\beta;\, \boldsymbol{x}, \boldsymbol{y}} \left(\beta - \rho \cdot (\Psi(\beta; \boldsymbol{x}, \boldsymbol{y}))^2 \right) \tag{3.29}$$

unter den Nebenbedingungen

$$x_i \in \mathfrak{X}_i, \; i = 1, \ldots, n$$
$$y_i \in \mathfrak{Y}_i, \; i = 1, \ldots, n$$

berechnet werden. Wieder umgeht man damit, die komplexe Gleichheitsnebenbe-dingung direkt als solche im Optimierungsverfahren beachten zu müssen. Für das Verfahren muss ρ festgelegt werden, das bestimmt, wie stark die Gleichheitsneben-bedingung gewichtet werden soll. Entsprechend der Barrier-Methoden könnte das Gewicht ρ auch sukzessive erhöht werden (siehe beispielsweise [Lange, 2010]).

Von Vorteil ist hier, dass der Gradient der Zielfunktion f bestimmt werden kann, da diese als Formel vorliegt. Für das lineare Modell erhält man die Zielfunktion

$$f(\beta; \boldsymbol{x}, \boldsymbol{y}) = \beta + \rho \cdot \left(\sum_{i=1}^{n} \left(x_i y_i - x_i^2 \beta \right) \right)^2 \tag{3.30}$$

für die Minimierung und den zugehörigen Gradienten

$$\nabla f(\beta; \boldsymbol{x}, \boldsymbol{y}) = \left(\frac{\partial f(\beta; \boldsymbol{x}, \boldsymbol{y})}{\partial \beta}, \right.$$
$$\frac{\partial f(\beta; \boldsymbol{x}, \boldsymbol{y})}{\partial x_1}, \ldots, \frac{\partial f(\beta; \boldsymbol{x}, \boldsymbol{y})}{\partial x_n},$$
$$\left. \frac{\partial f(\beta; \boldsymbol{x}, \boldsymbol{y})}{\partial y_1}, \ldots, \frac{\partial f(\beta; \boldsymbol{x}, \boldsymbol{y})}{\partial y_n} \right)^T \tag{3.31}$$

mit

$$\frac{\partial f(\beta; \boldsymbol{x}, \boldsymbol{y})}{\partial \beta} = 1 + 2\rho \sum_{i=1}^{n} \left(x_i y_i - x_i^2 \beta \right) \left(-\sum_{i=1}^{n} x_i^2 \right),$$

$$\frac{\partial f(\beta; \boldsymbol{x}, \boldsymbol{y})}{\partial x_k} = 2\rho \sum_{i=1}^{n} \left(x_i y_i - x_i^2 \beta \right) \left(y_k - 2x_k \beta \right),$$

$$\frac{\partial f(\beta; \boldsymbol{x}, \boldsymbol{y})}{\partial y_k} = 2\rho \sum_{i=1}^{n} \left(x_i y_i - x_i^2 \beta \right) x_k.$$

Für das generalisierte lineare Modell mit Exponentialverteilung und log-Link ohne Intercept gilt

$$f(\beta; \boldsymbol{x}, \boldsymbol{y}) = \beta + \rho \cdot \left(\sum_{i=1}^{n} \left(\frac{x_i y_i}{\exp(x_i \beta)} - x_i \right) \right)^2 \tag{3.32}$$

für die Minimierung und für den zugehörigen Gradienten ist

$$\frac{\partial f(\beta; \boldsymbol{x}, \boldsymbol{y})}{\partial \beta} = 1 + 2\rho \sum_{i=1}^{n} \left(\frac{x_i y_i}{\exp(x_i \beta)} - x_i \right) \left(-\sum_{i=1}^{n} \frac{x_i^2 y_i}{\exp(x_i \beta)} \right),$$

$$\frac{\partial f(\beta; \boldsymbol{x}, \boldsymbol{y})}{\partial x_k} = 2\rho \sum_{i=1}^{n} \left(\frac{x_i y_i}{\exp(x_i \beta)} - x_i \right) \left(\frac{y_k - x_k y_k \beta}{\exp(x_k \beta)} - 1 \right),$$

$$\frac{\partial f(\beta; \boldsymbol{x}, \boldsymbol{y})}{\partial y_k} = 2\rho \sum_{i=1}^{n} \left(\frac{x_i y_i}{\exp(x_i \beta)} - x_i \right) \frac{x_k}{\exp(x_k \beta)}.$$

Für die Maximierung minimiert man die Zielfunktion mit $-\beta$, wobei der Strafterm gleich bleibt, also positiv ist.

Da der Strafterm am Anfang eventuell die Minimierung des Parameterschätzers behindert, kann das Gewicht ρ ähnlich den Barrier-Verfahren sukzessive erhöht werden. Dabei wird in der nächsten Iteration das jeweils bisherige Ergebnis als Startwert eingesetzt. Es wird im Weiteren die Sequenz

$$\rho = 0.01, 0.1, 1, 10, 100, 1000, 10000, 10^{10}$$

verwendet.

3.6. Heuristischer Algorithmus zur Suche des globalen Extremums

Da die Scorefunktion in x_i und y_i im Allgemeinen nicht konvex ist, besteht die Gefahr, nur ein lokales Minimum zu finden. Wenn die Zielfunktion strikt konkav ist, liegt das Minimum an einer Ecke. Bei Abstiegsverfahren (siehe beispielsweise [Alt,

2011]), aber auch mit dem Verfahren nach Nelder und Mead [Nelder und Mead, 1965], ist es möglich, dass das Optimierungsverfahren einen Wert in einer Ecke liefert, der nicht das globale Minimum ist. Die Ursache hierfür kann eine schiefe Funktion sein, bei der die Abstiegsrichtung nicht in die Richtung des globalen Minimums im zulässigen Bereich zeigt, wenn man vom Mittelpunkt der Intervalle ausgeht.

Bei wenigen Beobachtungen n könnten in diesem Fall einfach alle Kombinationen überprüft werden. Dabei steigt der Rechenaufwand aber exponentiell mit $2^{(p+1)n}$, wobei p die Anzahl der Kovariablen ist. Beispielsweise gibt es für fünf Beobachtungen ($n = 5$) mit einer Kovariable ($p = 1$) 1024 mögliche Kombinationen, was sehr schnell berechnet werden kann. Für $n = 10$ Beobachtungen wären es bereits 1048576 und mit $n = 50$ mehr als 10^{30} Kombinationen. Die Berechnung ließe sich gut parallelisieren. Aber selbst wenn man 10^6 parallele Prozesse startet, muss für $n = 50$ jeder noch mehr als 10^{24} (eine Quadrillion) Möglichkeiten überprüfen. Die Überprüfung aller Ecken ist also für wenige Beobachtungen möglich und kann gut parallelisiert werden, da die Funktionsauswertungen voneinander unabhängig sind. Es müssen auch nicht alle Werte im Speicher gehalten werden, sondern immer nur der jeweils beste. der Speicheraufwand für jeden Prozess ist also $\mathcal{O}(1)$. Der Rechenaufwand liegt aber bei

$$\mathcal{O}\left((p+1)^{2n-c}\right),$$

wobei c die Anzahl der parallelen Prozesse ist[2]. Diese Komplexitätsabschätzung sollte vor einer Berechnung beachtet werden.

Für viele Beobachtungen kann aber ein heuristischer Ansatz gewählt werden: Vorerst wird mit einem numerischen Optimierungsverfahren ein (unter Umständen lokales) Minimum bestimmt. Anschließend wird für alle Beobachtungen untersucht, ob die Zielfunktion für eine der Ecken einen besseren Wert annimmt. Ist dies der Fall, wird der alte Punkt des Optimums der Beobachtung durch diese Ecke ersetzt. Dabei wird aber immer nur eine Beobachtung betrachtet, während die anderen Beobachtungen festgehalten werden. Die Komplexität des Algorithmus ist $\mathcal{O}(n)$ und damit auch für sehr viele Beobachtung unproblematisch. Das Verfahren wird in Algorithmus 3 zusammengefasst.

Das beschriebene Vorgehen garantiert jedoch nicht, dass die beste Kombination an Ecken gefunden wird. Außerdem kann es sein, dass die beste Kombination an Ecken auch nicht das globale Minimum liefert. Es werden jedoch nur Punkte ersetzt, die einen extremeren Parameterschätzer liefern. Ist ein Punkt vorhanden, der nicht auf den Ecken liegt, aber den extremsten Parameterschätzer liefert, so wird dieser beibehalten. Ist die Funktion aber weder konvex noch konkav, kann es sein, dass so ein lokales Extremum bestehen bleibt, selbst wenn man alle Kombinationen der Ecken untersuchen würde.

---

[2]Dabei muss $c \leq 2n$ gelten, für $c > 2n$ ist die Komplexität $\mathcal{O}(1)$.

Algorithmus 3 Heuristischer Algorithmus zur Suche eines globalen Optimums nach initialer Optimierung mit einem anderen Verfahren. Dabei werden jeweils alle $(p+1)^2$ Ecken einer Beobachtung überprüft, wobei p die Anzahl der Kovariablen ist. Im Fall mit einem Parameter hier also jeweils 4 Ecken.

1: Verwende für $\boldsymbol{x}^{(0)}$ und $\boldsymbol{y}^{(0)}$ das Ergebnis eines anderen Optimierungsverfahrens und den zugehörigen Parameterschätzer $\hat{\beta}^{(0)}$.

2: **for** $i = 1 \to n$ **do**

3:     Berechne für alle $k \in 1, \ldots, (p+1)^2$ Ecken $(x_i^{[k]}, y_i^{[k]})$ des Intervalls der Beobachtung i den Parameterschätzer $\hat{\beta}^{[i,k]}$.

4:     **if** $\hat{\beta}^{[i,k]} < \hat{\beta}^{(0)}$ **then**

5:         Setze $\hat{\beta}^{(0)} = \hat{\beta}^{[i,k]}$.

6:         Setze $x_i^{(0)} = x_i^{[k]}$ und $y_i^{(0)} = y_i^{[k]}$.

7:     **end if**

8: **end for**

Für dieses Vorgehen spricht aber die folgende Argumentation: Die Zielfunktion wird so optimiert, dass entweder das globale oder ein lokales Optimum an den Ecken gefunden wird. Da durch die erste Suche bereits ein Ergebnis besteht, das nicht weit vom globalen Optimum entfernt ist, kann durch die Untersuchung einzelner Beobachtungen die globale Lösung gefunden werden, da nur einzelne Punkte falsch liegen. Im nächsten Abschnitt (Abschnitt 3.7) wird diese Behauptung in Simulationsstudien untersucht.

Als weitere Stufe kann nach der Suche in den Ecken das numerische Optimierungsverfahren wiederholt werden. Außerdem könnte auch die Suche in den Ecken wiederholt werden, bis sich das Ergebnis nicht mehr ändert.

Ähnlich dem bisherigen Vorgehen kann von den Ecken ausgehend optimiert werden. Dabei werden wieder alle Ecken einzeln durchlaufen und nur über die möglichen Werte der aktuellen Beobachtung minimiert. Man erhält also Optimierungsprobleme der Form

$$\min_{x_i, y_i} / \max_{x_i, y_i} \hat{\beta}_k(\boldsymbol{x}, \boldsymbol{y}).$$

Dadurch steigt die Wahrscheinlichkeit, dass man auch Extrema findet, die nicht direkt auf den Ecken liegen. Wieder gilt aber, dass die Beobachtungen einzeln betrachtet werden und damit unter Umständen eine Kombination existiert, die nicht erreicht werden kann.

Da das Durchlaufen der Ecken ohne weitere numerische Optimierung sehr schnell berechnet werden kann, bietet es sich an, dieses als Vorstufe zu nutzen. Dies kann so oft wiederholt werden, bis sich das Ergebnis nicht mehr ändert. Anschließend kann ausgehend von den Ecken jeweils unabhängig über die einzelnen Beobachtungen optimiert werden. Auch das kann wiederholt werden, bis sich das Ergebnis nicht mehr ändert. Selbst ohne ein globales Optimierungsverfahren, das alle Dimensionen (das heißt Beobachtungen) gleichzeitig betrachtet, hat man so ein Verfahren, das die richtige Lösung finden kann (siehe Simulationsbeispiele in Abschnitt 3.7).

Die Suche in den Ecken wurde dabei bisher als sequentiell beschrieben. Aber auch eine parallele Suche in den einzelnen Ecken wäre durchaus denkbar und hat vermutlich keinen Nachteil, wenn die Suche so oft wiederholt wird, bis keine Veränderung mehr auftritt. So ließe sich dieses Verfahren mit parallelem Rechnen stark beschleunigen. Stehen also theoretisch $4n$ parallele Prozesse zur Verfügung, hätte das Verfahren in einem Durchlauf die Komplexität $\mathcal{O}(1)$. Für c parallele Prozesse mit $c \leq n$ gilt die Komplexität

$$\mathcal{O}\left(\left\lceil \frac{2^{(p+1)}n}{c} \right\rceil\right)$$

für jeden Durchlauf. Ganze Durchläufe können nicht parallelisiert werden, da jeweils das letzte Ergebnis benötigt wird.

Dabei ist zu beachten, dass die Zielfunktionen für die Optimierungsschritte jeweils die Dimension $p+1$ haben, also nicht mit der Anzahl n der Beobachtungen steigen. Das Verfahren ist trotzdem relativ rechenintensiv, da numerisch optimiert wird und für jede Funktionsauswertung das Modell mit allen n Beobachtungen berechnet werden muss. Dennoch ist dies ein deutlicher Vorteil gegenüber der bisherigen Verfahren mit numerischer Optimierung.

3.7. Simulationsstudien

In diesem Abschnitt werden die bisher besprochenen Verfahren an einfachen Simulationsbeispielen untersucht. Insbesondere sollen die Ergebnisse der verschiedenen Verfahren verglichen werden, um so festzustellen, ob sie die gleiche Lösung finden. Der Vergleich ist im eindimensionalen Fall besonders illustrativ, da mit dem iterativen Verfahren aus Abschnitt 3.1 eine zuverlässige Lösung gefunden werden kann. So soll überprüft werden, ob die numerischen Optimierungsverfahren das gleiche Ergebnis liefern. Ist dies nicht der Fall, muss auch davon ausgegangen werden, dass diese Verfahren für mehrdimensionale Parameter nicht die globalen Extrema finden können. Dennoch kann daraus aber nicht geschlossen werden, dass ein Verfahren, das im eindimensionalen Fall die richtige Lösung findet, auch für mehrdimensionale Parameter zuverlässig ist. Die Untersuchung der eindimensionalen Probleme kann aber trotzdem wichtige Hinweise für den mehrdimensionalen Fall geben.

3.7.1. Simulationsmodell SLA und SLB

In der ersten Simulation (SLA, $n = 20$) werden die $\underline{x}$-Werte aus einer Gleichverteilung aus dem Intervall $[0, 3]$ gezogen. Für die Untergrenzen gilt

$$\underline{x} \sim U(0, 3), \ \underline{y} \sim N(\underline{x}, 1).$$

Für die Obergrenzen ist

$$\overline{x} = \underline{x} + u_1, \ \overline{y} = \underline{y} + u_2$$

mit $u_1, u_2 \sim U(0, 1)$. Das heißt der echte Zusammenhang besteht zwischen den Untergrenzen mit

$$\underline{y} = \underline{x}\beta + \epsilon$$

und $\beta = 1$.

In der zweiten Simulation (SLB, $n = 20$) wird $\underline{x}$ aus einer Gleichverteilung aus dem Intervall $[-2, 1]$ gezogen:

$$\underline{x} \sim U(-2, 1).$$

Die anderen Zusammenhänge sind die gleichen wie im ersten Fall. Wieder besteht der wahre Zusammenhang zwischen den Untergrenzen der Intervalle.

Abbildung 3.8 zeigt die beiden Beispiele mit den simulierten Intervalldaten. Dabei wurden die Intervallgrenzen mit dem iterativen Algorithmus 1 aus Abschnitt 3.1 für die lineare Regression bestimmt, welcher im Weiteren als Referenzmethode angesehen wird. Die Methode wird als *Partial-Score*-Verfahren bezeichnet. Für das geschätzte Intervall des Parameters gilt im ersten Fall (SLA) $I(\beta) = [0.970, 1.492]$ und im zweiten Fall (SLB) $I(\beta) = [0.108, 1.491]$. Die Daten für die Regressionsgeraden werden durch das Verfahren genau so gewählt, dass die extremsten Steigungen entstehen. Die Ergebnisse zeigen anschaulich, dass das Verfahren eine plausible Lösung findet.

Als nächstes wird Algorithmus 2 aus Abschnitt 3.4 zur direkten Optimierung des Parameterschätzers für die gleichen Daten verwendet. Diese Methode wird im Weiteren als *Direct*-Verfahren bezeichnet. Die Zielfunktion, das heißt der Parameterschätzer, wird mit der Methode `lm` aus R berechnet [R Development Core Team, 2012b]. Als Optimierungsverfahren wird vorerst L-BFGS-B aus der R-Funktion `optim` ohne Angabe des Gradienten eingesetzt [R Development Core Team, 2012c]. Man erhält das exakt gleiche Ergebnis, das auch die Referenzmethode liefert. Somit erhält man wieder die Situation, wie sie in Abbildung 3.8 gezeigt wird.

Das gleiche Vorgehen wird nun nochmal mit dem Verfahren nach Nelder und Mead aus der R-Methode `optim` durchgeführt. Für die Nebenbedingungen wird ein Barrier-Verfahren mit logarithmischer Schranke eingesetzt, das in dem R-Paket `constrOptim` implementiert ist [R Development Core Team, 2012a]. Für die Beispiele findet das Verfahren nicht die gleiche Lösung wie zuvor. Dabei wird zwar

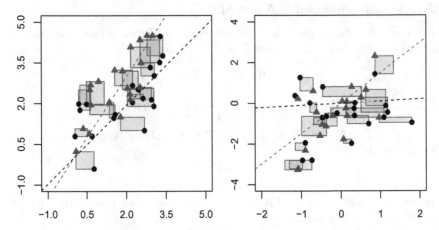

Abbildung 3.8.: Zwei Simulationsbeispiele (SLA, n=20) links und (SLB, n=20) rechts für Ober- und Untergrenzen einer linearen Regression ohne Intercept auf Intervalldaten. Die Grenzen des Parameterschätzers wurden hier mit dem Partial-Score-Verfahren für die lineare Regression mit einem Parameter und ohne Intercept bestimmt. Das Direct-Verfahren aus Abschnitt 3.4 liefert hier das gleiche Ergebnis.

eine maximale Anzahl von 50000 inneren Iterationen festgelegt, aber selbst mit einer Erhöhung dieser Anzahl liefert der Algorithmus teilweise kein besseres Ergebnis. Das Ergebnis ist ein kleineres Intervall mit $I(\beta) = [1.041, 1.422]$ für (SLA) und $I(\beta) = [0.170, 1.203]$ für (SLB). Außerdem ist die Berechnung deutlich langsamer als mit dem Verfahren L-BFGS-B. Das Ergebnis mit dem Algorithmus nach Nelder und Mead ist für (SLA) und (SLB) nochmal in Anhang B, Abbildung B.1 dargestellt. Die meisten Punkt, die für die jeweiligen Regressionsgeraden verwendet werden, unterscheiden sich hier von der Lösung der Referenzmethode.

Da das Verfahren nach Nelder und Mead bereits für dieses sehr einfache Beispiel nicht die optimale Lösung findet, und dabei noch deutlich langsamer ist, stellt sich dieses Optimierungsverfahren als ungeeignet heraus. Selbst die Tatsache, dass kein Gradient angegeben werden muss, ist hier kein Vorteil, da die richtige Lösung auch mit L-BFGS-B ohne die Angabe des Gradienten gefunden werden konnte.

Als nächstes wird die Optimierung mit der Score-Funktion als Strafterm eingesetzt, wie es in Abschnitt 3.5 beschrieben wurde. Die Methode wird im Weiteren als *Penalty*-Methode bezeichnet. Es werden wieder die simulierten Daten aus den Modellen (SLA, n=20) und (SLB, n=20) verwendet. Das Gewicht ρ wird auf 100 gesetzt.

Mit L-BFGS-B wird ein Ergebnis geliefert, das für (SLB) nahe am Optimum ist und für (SLA) genau dieses darstellt. Der Identifizierungsbereich für (SLB) ist in diesem Fall größer als der, den die Referenzmethode liefert, und ist damit unplausibel. Das bedeutet die Nebenbedingung der Score-Funktion konnte nicht eingehalten werden, da der Strafterm mit $\rho = 100$ nicht stark genug gewichtet wurde. Werden jedoch die ausgewählten Punkte aus den Intervallen der Beobachtungen verwendet um die Parameter mit einer zuverlässigen Methode direkt zu schätzen, erhält man wieder das richtige Intervall. Alternativ kann durch inkrementelles Erhöhen des Strafterms ebenfalls direkt das exakte Ergebnis bestimmt werden. Die Verwendung des Optimierungsverfahrens nach Nelder und Mead liefert auch für das Penalty-Verfahren deutlich kleinere Intervalle.

Die wiederholte Anwendung des heuristischen Algorithmus aus Abschnitt 3.6, wobei vorerst die Ecken so oft überprüft werden bis keine Veränderung mehr auftritt und anschließend unabhängig über die einzelnen Beobachtungen ausgehend von den Ecken optimiert wird, liefert das gleiche Ergebnis wie die Referenzmethode. Ersteres wird im Weiteren als *Readjust* und letzteres als *Research* bezeichnet. Alle berechneten Intervalle sind für die beiden Simulationsmodelle in den Tabellen 3.1 und 3.2 zusammengefasst.

3.7.2. Simulationsmodell SLC

Bisher waren alle Verfahren in der Lage, die exakte Lösung zu bestimmen, auch wenn das Optimierungsverfahren nach Nelder und Mead nicht sinnvoll eingesetzt werden konnte und für das Penalty-Verfahren erneut geschätzt werden musste. In einem anderen Simulationsbeispiel (SLC, $n = 20$) soll jedoch illustriert werden, dass die Verfahren im Allgemeinen nicht die gleiche Lösung liefern. Bei dieser Simulation werden die $\underline{x}$-Werte aus einer Normalverteilung um den Mittelwert 0 gezogen. Es gilt für die Untergrenzen

$$\underline{x} \sim N(0,4), \ \underline{y} \sim N(\underline{x}, 1),$$

und für die Obergrenzen

$$\overline{x} = \underline{x} + u_1, \ \overline{y} = \underline{y} + u_2$$

mit $u_1, u_2 \sim U(1,2)$. Das heißt der echte Zusammenhang besteht wieder zwischen den Untergrenzen mit

$$\underline{y} = \underline{x}\beta + \epsilon$$

wobei $\beta = 1$ ist.

Verfahren	Algorithmus	Untergrenze	Obergrenze
Partial Score	Analytisch	0.96961	1.49222
Direct	L-BFGS-B	0.96961	1.49222
Penalty ($\rho = 100$)	L-BFGS-B	0.96961	1.49222
Direct	Nelder-Mead	1.04122	1.42236
Penalty ($\rho = 100$)	Nelder-Mead	1.04745	1.34454
Readjust/Research Loop	L-BFGS-B	0.96961	1.49222

Tabelle 3.1.: *(SLA, $n = 20$)* Ergebnisse der geschätzten Parameterintervalle in einem linearen Modell mit einer unabhängigen Variable ohne Intercept für verschiedene Verfahren. Die Daten mit 20 Beobachtungen ($n = 20$) wurden nach dem Modell (SLA) simuliert. *Partial Score* bezeichnet das iterative Verfahren aus Abschnitt 3.1, in dem die Score-Anteile optimiert werden, und das für den eindimensionalen Fall als Referenzmethode dient. *Direct* bezeichnet das Verfahren zur direkten Optimierung des Parameterschätzers aus Abschnitt 3.4 und *Penalty* bezeichnet das Verfahren in dem die Score-Funktion als Strafterm in die Zielfunktion eingeht, wie es in Abschnitt 3.5 beschrieben ist. *Readjust/Research Loop* bezeichnet das heuristische Verfahren aus Abschnitt 3.6 mit wiederholter Überprüfung der Ecken und anschließender wiederholter Suche ausgehend von den Ecken bis keine Veränderung mehr auftritt. Die Werte wurden auf fünf Stellen gerundet. Abweichungen von der Referenzmethode (in der ersten Zeile) werden mit grauem Hintergrund hervorgehoben. In diesem Fall kann nur mit dem Algorithmus nach Nelder und Mead nicht das richtige Ergebnis erreicht werden.

Das Partial-Score-Verfahren aus Abschnitt 3.1, das wieder als Referenzverfahren dient, liefert das Intervall $I(\beta) = [0.332, 1.544]$. Dies kann durch das Direct-Verfahren mit L-BFGS-B aus Abschnitt 3.4 nicht auf beiden Intervallgrenzen reproduziert werden. Man erhält hier $I(\beta) = [0.348, 1.544]$, das heißt die Untergrenze wurde nicht erreicht (siehe Abbildung 3.9). Nach einmaliger Anwendung des Readjust-Algorithmus (Algorithmus 3) aus Abschnitt 3.6 zur Überprüfung der Ecken, wird jedoch das richtige Ergebnis gefunden.

Auch das Verfahren, für das mit einem Strafterm optimiert wird ($\rho = 100$), liefert nicht das optimale Ergebnis. Man erhält $I(\beta) = [0.340, 1.544]$. Wieder wird die Untergrenze nicht erreicht. Die einmalige Anwendung des Algorithmus zur Überprüfung der Ecken liefert wieder das richtige Ergebnis. Mit sukzessiver Erhöhung des Strafterms erhält man ebenfalls das Intervall $I(\beta) = [0.332, 1.544]$, das auch das iterative Referenzverfahren findet. Hierbei wurde, mit und ohne dem Algorithmus zur Überprüfung der Ecken, nach jeder Anwendung des numerischen Verfahrens das gleiche Ergebnis erreicht. Die Ergebnisse werden in Tabelle 3.3 zusammengefasst.

Verfahren	Algorithmus	Untergrenze	Obergrenze
Partial Score	Analytisch	0.10780	1.49119
Direct	L-BFGS-B	0.10780	1.49119
Penalty ($\rho = 100$)	L-BFGS-B	0.10777	1.49126
Penalty ($\rho = 100$) + Reestimate	L-BFGS-B	0.10780	1.49119
Penalty (ρ incremental)	L-BFGS-B	0.10780	1.49119
Direct	Nelder-Mead	0.17046	1.20327
Penalty ($\rho = 100$)	Nelder-Mead	0.25539	1.13195
Readjust/Research Loop	L-BFGS-B	0.10780	1.49119

Tabelle 3.2.: *(SLB, $n = 20$)* Ergebnisse der geschätzten Parameterintervalle in einem linearen Modell mit einer unabhängigen Variable ohne Intercept für verschiedene Verfahren. Die Daten mit 20 Beobachtungen ($n = 20$) wurden nach dem Modell (SLB) simuliert. Unplausible Werte, die ein größeres Intervall als die Referenzmethode ergeben, wurden mit (rotem) Hintergrund hervorgehoben. Zur weiteren Erläuterung der Bezeichnungen siehe Tabelle 3.1. Der Algorithmus nach Nelder und Mead erreicht wieder nicht das optimale Ergebnis. Das Penalty-Verfahren findet das Optimum nur, wenn die Parameter mit den gefunden Punkten in den Intervallen der Beobachtungen erneut geschätzt werden.

Für das gleiche Simulationsmodell (SLC) werden nun noch $n = 1000$ Beobachtungen gezogen. Hier erhält man das Intervall[3] $I(\beta) = [0.49079, 1.72910]$ mit der Referenzmethode *Partial Score*. Das Penalty-Verfahren mit sukzessiver Vergrößerung des Strafterms liefert $I(\beta) = [0.49486, 1.72902]$, reproduziert die Lösung also auf zwei, beziehungsweise drei, Nachkommastellen genau.

Die Überprüfung der Ecken nach jeder Iteration verbessert das Ergebnis deutlich, die Untergrenze kann sogar exakt bestimmt werden. Wird nach der Optimierung ausgehend von den Ecken unabhängig über jede Beobachtung gesucht, ohne zuvor die Ecken überprüft zu haben, kann wieder ein gutes Ergebnis erzielt werden. Hier wird aber nur die Obergrenze exakt bestimmt. Für einige Beobachtungen wird in beiden Fällen nicht der optimale Punkt gefunden (siehe Abbildung 3.10). Werden im letzteren Fall aber nochmals die Ecken überprüft, erhält man das exakte Ergebnis. Interessant ist aber festzustellen, dass auch lokale Minima existieren, die nicht auf den Ecken liegen, und diese mit alleiniger Überprüfung der Ecken nicht entdeckt werden können. Andererseits reicht einmalige Anwendung der Suche ausgehend von den Ecken nicht um alle Ecken richtig zu bestimmen.

---

[3]Es sei hier zum besseren Vergleich mit 5 Nachkommastellen angegeben.

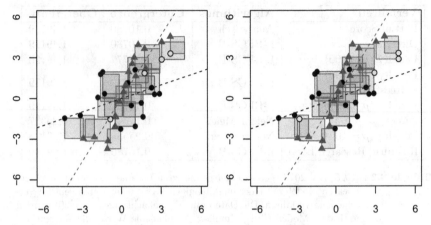

Abbildung 3.9.: Simulationsbeispiel (SLC, $n = 20$) für Ober- und Untergrenzen einer linearen Regression ohne Intercept auf Intervalldaten. Die Grenzen des Parameterschätzers wurden links mit dem Partial-Score-Verfahren als Referenzmethode für die lineare Regression mit einem Parameter ohne Intercept bestimmt. Rechts ist das Ergebnis des Direct-Verfahrens mit L-BFGS-B wiedergegeben. Die Ergebnisse unterscheiden sich in der minimalen (blauen) Regressionsgeraden, wobei die Unterschiede (gelb) markiert sind. Daher konnte das richtige Ergebnis nicht gefunden werden. Man beachte insbesondere, dass für die Untergrenze teilweise unterschiedliche Ecken ausgewählt wurden.

Das heuristische Readjust/Research-Verfahren aus Abschnitt 3.6 mit mehreren Durchläufen liefert wieder die exakte Lösung. Alle Ergebnisse sind in Tabelle 3.4 zusammengefasst.

Ein weiteres mal werden $n = 10$ Beobachtungen aus dem Simulationsmodell (SLC) gezogen. Hierbei wurde aber explizit so oft gezogen, bis das Penalty-Verfahren sowohl auf der Untergrenze, wie auch auf der Obergrenze ein anderes Ergebnis lieferte als das Referenzverfahren. Das Ergebnis ist in Abbildung 3.11 wiedergegeben. Im Weiteren soll untersucht werden, wie dennoch mit dem Verfahren zur Optimierung der Zielfunktion mit Strafterm die richtige Lösung gefunden werden kann.

In Tabelle 3.5 sind die Resultate verschiedener Verfahren wiedergegeben. Nur in Kombination mit der anschließenden Suche ausgehend von den Ecken wird das richtige Ergebnis gefunden. Außerdem kann das exakte Ergebnis mit dem Verfahren

Verfahren	Algorithmus	Untergrenze	Obergrenze
Partial Score	Analytisch	0.33230	1.54435
Direct	L-BFGS-B	0.34767	1.54435
Direct + Readjust	L-BFGS-B	0.33230	1.54435
Penalty ($\rho = 100$)	L-BFGS-B	0.33968	1.54435
Penalty ($\rho = 100$) + Readjust	L-BFGS-B	0.33230	1.54435
Penalty (ρ incremental)	L-BFGS-B	0.33230	1.54435
Readjust/Research Loop	L-BFGS-B	0.33230	1.54435

Tabelle 3.3.: *(SLC, n = 20)* Ergebnisse der geschätzten Parameterintervalle in einem linearen Modell mit einer unabhängigen Variable ohne Intercept für verschiedene Verfahren. Die Daten mit 20 Beobachtungen ($n = 20$) wurden nach dem Modell (SLC) simuliert. *Readjust* bezeichnet die einmalige Anwendung des Algorithmus zur Überprüfung der Ecken aus Abschnitt 3.6 nach dem jeweiligen numerischen Verfahren.

Readjust/Research auch ohne globale Optimierung gefunden werden.

3.7.3. Simulationsmodell SLD

In diesem Abschnitt soll kurz der Spezialfall betrachtet werden, für den eine analytische Lösung des Optimierungsproblems existiert (siehe Abschnitt 2.6). Das ist der Fall, wenn nur y aus Intervallen besteht und die Werte von x skalar sind.

Die Daten werden wie in (SLA) und (SLB) simuliert, mit zwei Unterschieden: Die unabhängige Variable wird aus einer Gleichverteilung im Bereich von -1 bis 2 gezogen. Es gilt also

$$x \sim U(-1, 2).$$

Für die Intervallgrenzen von x gilt

$$\underline{x} = \overline{x} = x,$$

das heißt die unabhängige Variable besteht aus einem Skalar. Die weiteren Zusammenhänge sind identisch zu (SLA) und (SLB).

Durch die analytische Berechnung erhält man für den Parameter das Intervall $I(\beta) = [1.27509, 1.65824]$. Alle anderen Verfahren, die verwendet werden können, sind ebenfalls in der Lage die gleichen Punkte in den Intervallen auszuwählen. Das Ergebnis mit den Regressionsgeraden ist in Abbildung 3.12 dargestellt. Nur das Penalty-Verfahren mit festem Gewicht $\rho = 100$ bestimmt nicht gleich das exakte Intervall, was durch erneute klassische Schätzung mit den ausgewählten Punkten

Verfahren	Algorithmus	Untergrenze	Obergrenze
Partial Score	Analytisch	0.49079	1.72910
Penalty (ρ incremental)	L-BFGS-B	0.49487	1.72902
Penalty (ρ incremental) + Readjust within	L-BFGS-B	0.49079	1.72908
Penalty (ρ incremental) + Research	L-BFGS-B	0.49080	1.72910
Readjust/Research Loop	L-BFGS-B	0.49079	1.72910

Tabelle 3.4.: *(SLC, n = 1000)* Ergebnisse der geschätzten Parameterintervalle in einem linearen Modell mit einer unabhängigen Variable ohne Intercept. Die Daten mit 1000 Beobachtungen ($n = 1000$) wurden nach dem Modell (SLC) simuliert. *Readjust within* bezeichnet die Anwendung des Verfahrens zur Überprüfung der Ecken aus Abschnitt 3.6 nach jeder Anwendung des numerischen Verfahrens mit Erhöhung des Gewichts ρ. Dabei wird nicht ausgehend von den Ecken gesucht, sondern es werden nur die Ecken selbst überprüft.

aber erreicht wird. Die numerischen Ergebnisse sind in Anhang B in Tabelle B.1 zu finden.

Das Direct-Verfahren und die Research-Methode konnten nicht verwendet werden, da für L-BFGS-B bei einer Intervallbreite von 0 mit dem verwendeten R-Paket optim die Approximation des Gradienten fehlschlägt. Dies wäre aber durch einfache Anpassung des Verfahrens lösbar: Die skalaren Werte könnten als feste Parameter an das Optimierungsverfahren übergeben werden. Es ist außerdem stark zu erwarten, dass mit dieser Anpassung auch diese beiden Verfahren die richtige Lösung liefern werden.

3.7.4. Simulationsmodell SEA und SEB

Eine ähnliche Simulationsstudie wird nun für das generalisierte lineare Modell mit Exponentialverteilung und log-Link mit einem Parameter ohne Intercept durchgeführt. Dabei wird das Simulationsmodell (SEA, $n = 20$) und (SEB, $n = 20$) verwendet: Im ersten Fall (SEA) werden die x-Werte aus einer Gleichverteilung aus dem Intervall $[0, 3]$ gezogen. Es gilt für die Obergrenzen

$$\underline{x} \sim U(0,3), \ \underline{y} \sim Exp\left(\frac{1}{\exp(0.2\underline{x})}\right)$$

und für die Untergrenzen

$$\overline{x} = \underline{x} + u_1, \ \overline{y} = \underline{y} + u_2$$

Verfahren	Algorithmus	Untergrenze	Obergrenze
Partial Score	Analytisch	0.44355	3.01073
Penalty (ρ incremental)	L-BFGS-B	0.46788	3.00470
Penalty (ρ incremental) + Readjust	L-BFGS-B	0.44355	3.00931
Penalty (ρ incremental) + Research	L-BFGS-B	0.44355	3.01073
Readjust/Research Loop	L-BFGS-B	0.44355	3.01073

Tabelle 3.5.: *(SLC, $n = 10$)* Ergebnisse der geschätzten Parameterintervalle in einem linearen Modell mit einer unabhängigen Variable ohne Intercept. Die Daten mit zehn Beobachtungen ($n = 10$) wurden nach dem Modell (SLC) simuliert.

mit $u_1, u_2 \sim U(0,1)$. Das heißt der echte Zusammenhang besteht zwischen den Untergrenzen mit

$$y = \exp(x\beta) + \epsilon,$$

wobei $\beta = 0.2$ ist.

Im zweiten Fall (SEB) wird x aus einer Gleichverteilung aus dem Intervall $[-2, 1]$ gezogen:

$$x \sim U(-2, 1).$$

Die anderen Zusammenhänge sind die gleichen wie im ersten Fall. Wieder besteht der wahre Zusammenhang zwischen den Untergrenzen der Intervalle.

Für das geschätzte Intervall des Parameters mit dem Referenzverfahren *Partial Score* aus Abschnitt 3.1 und 3.3 gilt im ersten Fall (SLA) $I(\beta) = [0.292, 0.506]$ und im zweiten Fall (SLB) $I(\beta) = [-0.163, 0.578]$. Die Ergebnisse werden für beide Modelle in Abbildung 3.13 dargestellt.

Das Direct-Verfahren aus Abschnitt 3.4 zur direkten Optimierung des Parameterschätzers für die gleichen Daten liefert wieder die exakte Lösung. Die Zielfunktion – das heißt der Parameterschätzer – wird mit der Methode `glm` aus R berechnet [Davies und R Development Core Team, 2012]. Als Optimierungsverfahren wird vorerst L-BFGS-B aus der R-Funktion `optim` ohne Angabe des Gradienten eingesetzt [R Development Core Team, 2012c]. Somit ergibt sich wieder die Situation, wie sie in Abbildung 3.13 gezeigt wird. Der Unterschied zur linearen Regression ist, dass hier bereits ein numerisches Verfahren verwendet wird, um den Parameterschätzer im Optimierungsverfahren zu bestimmen.

Das Penalty-Verfahren aus Abschnitt 3.5 mit $\rho = 100$ liefert bei (SEA) nur für die Obergrenze die exakte Lösung. Die Untergrenze wird dennoch gut approximiert. In

Abbildung 3.14 ist der Unterschied dargestellt. Offensichtlich wurde für eine Beobachtung eine falsche Ecke ausgewählt. Sukzessive Erhöhung von ρ führt zum gleichen Ergebnis, verbessert die untere Begrenzung des Parameterschätzers also nicht. Werden jedoch anschließend die Ecken unabhängig voneinander in allen Beobachtung einmal überprüft (siehe Abschnitt 3.6), wird wieder die exakte Lösung bestimmt. Für (SEB) führen beide numerische Verfahren zur richtigen Lösung.

Mit dem Algorithmus nach Nelder und Mead kann in keinem Fall die exakte Lösung bestimmt werden und die Intervalle des Parameterschätzers fallen deutlich kleiner aus. Wieder kann auch mit wiederholter Anwendung der heuristischen Verfahren aus Abschnitt 3.6 die richtige Lösung bestimmt werden. Alle Ergebnisse sind für (SEA) in Tabelle 3.6 und für (SEB) in Tabelle 3.7 zusammengefasst.

Verfahren	Algorithmus	Untergrenze	Obergrenze
Partial Score	Analytisch	0.29158	0.50624
Direct	L-BFGS-B	0.29158	0.50624
Penalty ($\rho = 100$)	L-BFGS-B	0.29167	0.50624
Penalty (ρ incremental)	L-BFGS-B	0.29167	0.50624
Penalty (ρ incremental) + Readjust	L-BFGS-B	0.29158	0.50624
Direct	Nelder-Mead	0.31256	0.49680
Penalty ($\rho = 100$)	Nelder-Mead	0.33475	0.44277
Readjust/Research Loop	L-BFGS-B	0.29158	0.50624

Tabelle 3.6.: *(SEA, $n = 20$)* Ergebnisse der geschätzten Parameterintervalle in einem generalisierten linearen Modell mit Exponentialverteilung und log-Link für verschiedene Verfahren. Dabei gibt es eine unabhängige Variable ohne Intercept. Die Daten mit 20 Beobachtungen ($n = 20$) wurden nach dem Modell (SEA) simuliert. Zur Beschreibung der Verfahren siehe die Tabellen in den Abschnitten 3.7.1 und 3.7.2 und Anhang A.

3.7.5. Simulationsmodell SEC

Analog zu dem linearen Simulationsmodell (SLC) werden die Untergrenzen $\underline{x}$ für (SEC) aus einer Normalverteilung mit Mittelwert 0 und Varianz 4 gezogen. Es gilt also

$$\underline{x} \sim N(0,4).$$

Außerdem ist der wahre Parameter durch $\beta = 0.5$ gegeben. Für die y-Untergrenze gilt

$$\underline{y} \sim Exp\left(\frac{1}{\exp(0.5\underline{x})}\right).$$

Verfahren	Algorithmus	Untergrenze	Obergrenze
Partial Score	Analytisch	-0.16276	0.57812
Direct	L-BFGS-B	-0.16276	0.57812
Penalty ($\rho = 100$)	L-BFGS-B	-0.16276	0.57812
Direct	Nelder-Mead	-0.04096	0.40927
Penalty ($\rho = 100$)	Nelder-Mead	0.01255	0.40772
Readjust/Research Loop	L-BFGS-B	-0.16276	0.57812

Tabelle 3.7.: *(SEB, $n = 20$)* Ergebnisse der geschätzten Parameterintervalle in einem generalisierten linearen Modell mit Exponentialverteilung und log-Link für verschiedene Verfahren. Dabei gibt es eine unabhängigen Variable ohne Intercept. Die Daten mit 20 Beobachtungen ($n = 20$) wurden nach dem Modell (SEB) simuliert.

Die Obergrenzen werden durch

$$\bar{x} = \underline{x} + u_1, \ \bar{y} = \underline{y} + u_2$$

mit $u_1, u_2 \sim U(1, 2)$ bestimmt. Das heißt, der echte Zusammenhang besteht auch hier zwischen den Untergrenzen mit

$$\underline{y} = \exp(\underline{x}\beta) + \epsilon.$$

Für die simulierten Daten gab es dabei Probleme, einige Modelle für bestimmte Kombinationen aus den Intervallen zu schätzen: Die Methode `glm` aus R konnte diese nicht berechnen. Daher war es teilweise nicht möglich das Direct-Verfahren aus Abschnitt 3.4 und die Überprüfung der Ecken und die Suche ausgehend von den Ecken aus Abschnitt 3.6 anzuwenden. Es bleibt also nur die Optimierung mit Strafterm aus Abschnitt 3.5 als numerisches Verfahren und die Referenzmethode *Partial Score* aus Abschnitt 3.1.

Für eine Ziehung aus dem Datenmodell (SLC) wird mit der Referenzmethode das Intervall $I(\beta) = [0.15280, 0.61428]$ bestimmt. Für die anderen berechenbaren Verfahren wurde das Intervall $I(\beta) = [0.16009, 0.61358]$ berechnet, das kleiner ist als das Referenzergebnis. Die Resultate sind in Tabelle 3.8 und Abbildung 3.15 wiedergegeben.

3.7.6. Schlussfolgerung aus den Simulationsstudien

Für die lineare Regression mit einem Parameter ohne Intercept hat sich das Partial-Score-Verfahren aus Abschnitt 3.1 mit Optimierung der Score-Anteile als Referenzmethode herausgestellt. Das Verfahren liefert stets die beste Lösung und ist äußerst effizient berechenbar.

Verfahren	Algorithmus	Untergrenze	Obergrenze
Partial Score	Analytisch	0.15280	0.61428
Direct	L-BFGS-B	0.16009	0.61358
Penalty ($\rho = 100$)	L-BFGS-B	0.16009	0.61358
Penalty (ρ incremental)	L-BFGS-B	0.16009	0.61358

Tabelle 3.8.: *(SEC, n = 20)* Ergebnisse der geschätzten Parameterintervalle in einem generalisierten linearen Modell mit Exponentialverteilung und log-Link für verschiedene Verfahren. Dabei gibt es eine unabhängigen Variable ohne Intercept. Die Daten mit 20 Beobachtungen ($n = 20$) wurden nach dem Modell (SEC) simuliert.

Das Direct-Verfahren aus Abschnitt 3.4, bei dem der Parameterschätzer direkt optimiert wird, liefert meist gute Ergebnisse, läuft aber teilweise in lokale Extrema. Da für jede Funktionsauswertung das ganze Regressionsmodell geschätzt werden muss, ist es das langsamste Verfahren.

Die Optimierung der Zielfunktion mit der Score-Funktion als Strafterm im Verfahren *Penalty* verhält sich ähnlich, ist aber deutlich recheneffizienter. Durch sukzessive Erhöhung des Gewichts ρ können bessere Ergebnisse erreicht werden, wenn die optimale Lösung nicht schon mit festem Parameter gefunden wurde.

Wurde mit den beiden numerischen Verfahren nicht die richtige Lösung gefunden, konnte durch unabhängige Überprüfung der Ecken und unabhängige Suche ausgehend von den Ecken über die einzelnen Beobachtungen immer das exakte Ergebnis bestimmt werden. Dies funktionierte sogar ohne Anwendung eines der beiden Verfahren, so dass dieses Vorgehen eine eigene Methode darstellt, die das Referenzergebnis immer reproduzieren konnte.

Die Verwendung des Verfahrens nach Nelder und Mead konnte in keinem Fall ein besseres Ergebnis liefern als L-BFGS-B. Zudem ist es deutlich langsamer. Eventuell könnte mit mehr Iterationen und kleineren Fehlerschranken ein noch etwas besseres Ergebnis erreicht werden. Es erscheint aber nicht möglich, dass dieses besser wäre, als das Ergebnis mit dem Algorithmus L-BFGS-B.

Für die generalisierte Regression mit Exponentialverteilung zeichnet sich ein ähnliches Bild ab wie für die lineare Regression. Durchwegs können gute Ergebnisse erzielt werden. Die Referenzmethode hat sich weiter bewährt. Der Unterschied zu den anderen Methoden zeigt sich aber meist in nur wenigen Beobachtungen und kann mit der Suche ausgehend von den Ecken behoben werden. Die alleinige Suche in den Ecken führt auch hier zur richtigen Lösung.

Nicht effizient genug war wieder das Verfahren von Nelder und Mead, welches durchwegs schlechtere Ergebnisse lieferte als L-BFGS-B. Außerdem konnte für die Daten des Simulationsmodells (SLC, $n = 20$) die Überprüfung der Ecken und die

Suche der Ecken nicht verwendet werden, da die Methode aus R die Modelle für einige Variablenkombinationen nicht berechnen konnte.

Für den Spezialfall der linearen Regression mit skalaren x-Werten konnte das Direct-Verfahren wegen Abbruch von L-BFGS-B nicht eingesetzt werden. Alle anderen Verfahren liefern stets die exakten Intervalle des Parameterschätzers. Für das Penalty-Verfahren muss das Intervall jedoch unter Umständen zusätzlich mit den ausgewählten Punkten aus den Datenintervallen erneut geschätzt werden.

Abschließend kann aber festgestellt werden, dass für den eindimensionalen Fall das Verfahren aus Abschnitt 3.1 die beste Wahl darstellt. Eindeutige Schlussfolgerungen für den mehrdimensionalen Fall können noch nicht getroffen werden. Es scheint aber nötig zu sein, ausgehend von den Ecken nach globalen Extrema zu suchen. Außerdem wäre es möglich, dass die alleinige mehrmalige unabhängige Überprüfung der Ecken und die anschließende unabhängige Suche ausgehend von den Ecken auch für den mehrdimensionalen Fall die richtige Lösung finden kann.

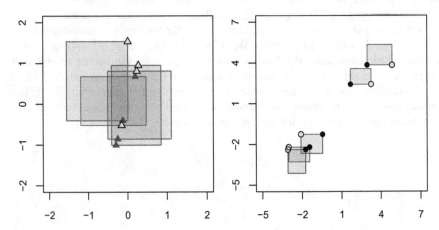

Abbildung 3.10.: Beobachtungen mit Abweichungen größer als 0.01 für die Punkte in den Intervallen der einzelnen Beobachtungen für das Simulationsbeispiel (SLC, $n = 1000$). Dabei werden nur Beobachtungen dargestellt, bei denen diese Abweichungen auftraten. Die Referenzlösung ist links mit (rot) ausgefüllten Dreiecken, beziehungsweise rechts mit (blau) ausgefüllten Kreisen wiedergegeben. Die abweichenden Punkte des numerischen Verfahrens sind (gelb) markiert. Links wird das Ergebnis des Verfahrens mit Strafterm in der Zielfunktion und inkrementeller Erhöhung von ρ angegeben. Dabei wurden nach jeder Optimierung die Ecken überprüft. Rechts sind die Unterschiede der Ergebnisse der Optimierung mit Strafterm und inkrementeller Erhöhung von ρ, aber ohne Überprüfung der Ecken wiedergegeben, wobei anschließend ausgehend von den Ecken für jede Beobachtung einmal unabhängig gesucht wurde.

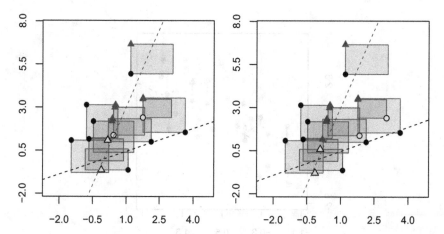

Abbildung 3.11.: Simulationsbeispiel (SLC, n=10) für Ober- und Untergrenzen einer linearen Regression ohne Intercept auf Intervalldaten. Die Grenzen des Parameterschätzers wurden links mit dem Partial-Score-Verfahren für die lineare Regression mit einem Parameter ohne Intercept bestimmt. Rechts ist das Ergebnis des Penalty-Verfahrens wiedergegeben. Die Unterschiede sind (gelb) markiert.

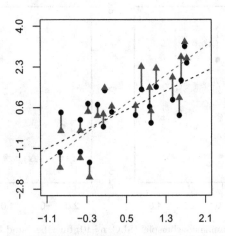

Abbildung 3.12.: Simulationsbeispiel (SLD, n=20) für Ober- und Untergrenzen einer linearen Regression ohne Intercept auf Intervalldaten. Die Grenzen des Parameterschätzers wurden analytisch bestimmt (siehe Abschnitt 2.6).

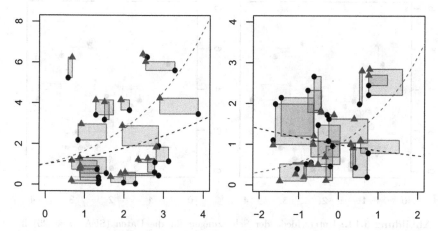

Abbildung 3.13.: Zwei Simulationsbeispiele (SEA, $n = 20$) und (SEB, $n = 20$) mit Ober- und Untergrenzen einer generalisierten linearen Regression mit Exponentialverteilung und log-Link ohne Intercept auf Intervalldaten. Die Grenzen des Parameterschätzers wurden hier mit dem Referenzverfahren *Partial Score* aus Abschnitt 3.1 bestimmt.

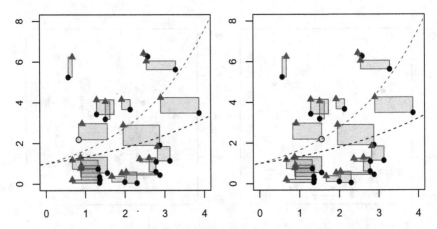

Abbildung 3.14.: Unterschiede der Schätzungen für die Daten (SEA, $n = 20$) in der generalisierten linearen Regression mit Exponentialverteilung und log-Link ohne Intercept. Die Grenzen des Parameterschätzers wurden links mit dem Referenzverfahren *Partial Score* bestimmt. Rechts wurden die Grenzen mit dem Penalty-Verfahren berechnet. Der Punkt, in dem sich das Ergebnis unterscheidet, ist (gelb) markiert.

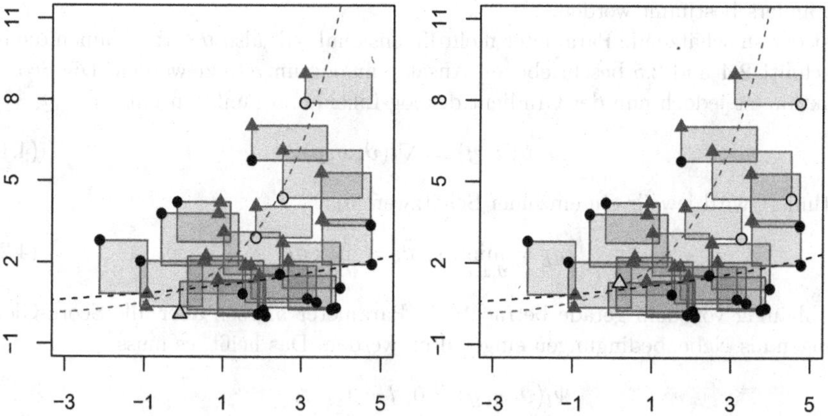

Abbildung 3.15.: Unterschiede der Schätzungen für die Daten (SEC, $n = 20$) in der generalisierten linearen Regression mit Exponentialverteilung und log-Link ohne Intercept. Die Grenzen des Parameterschätzers wurden links mit dem Referenzverfahren *Partial Score* bestimmt. Rechts wurden die Grenzen durch das Direct-Verfahren berechnet. Die Punkte, die sich unterscheiden, sind (gelb) markiert.

4. Mehrdimensionaler Parameterraum

Für die einfache Regression mit Intercept kann das Verfahren *Partial Score* aus Abschnitt 3.1 nicht verwendet werden, da neben dem Steigungsparameter β_1 noch der Parameter β_0 geschätzt werden muss. Die Intervalle für die Parameter müssen also anders bestimmt werden.

Ist der zu schätzende Parameter mehrdimensional, gilt also $\boldsymbol{\vartheta} \in \mathbb{R}^p$, können die in Abschnitt 2.4 und 2.5 beschriebenen Ansätze analog umgesetzt werden. Die Score-Funktion ist jedoch nun der Gradient der log-Likelihood-Funktion mit

$$s(\boldsymbol{\vartheta}; \boldsymbol{x}, \boldsymbol{y}) := \nabla l(\boldsymbol{\vartheta}; \boldsymbol{x}, \boldsymbol{y}). \tag{4.1}$$

Optimiert wird jeweils ein einzelner Schätzwert ϑ_k:

$$\underline{\vartheta}_k = \min_{\boldsymbol{\vartheta}, \boldsymbol{x}, \boldsymbol{y}} \vartheta_k, \quad \overline{\vartheta}_k = \max_{\boldsymbol{\vartheta}, \boldsymbol{x}, \boldsymbol{y}} \vartheta_k \tag{4.2}$$

Unabhängig von dem gerade betrachteten Parameter müssen aber alle Score-Gleichungen als Nebenbedingungen eingehalten werden. Das heißt, es muss

$$\Psi_l(\boldsymbol{\vartheta}; \boldsymbol{x}, \boldsymbol{y}) = 0, \ l = 1, \dots, p$$

mit $\boldsymbol{\Psi}(\boldsymbol{\vartheta}; \boldsymbol{x}, \boldsymbol{y}) = (\Psi_1(\boldsymbol{\vartheta}; \boldsymbol{x}, \boldsymbol{y}), \dots, \Psi_p(\boldsymbol{\vartheta}; \boldsymbol{x}, \boldsymbol{y}))^T$ gelten. Für jeden weiteren Parameter kommt also eine weitere Nebenbedingung hinzu, auch wenn der neue Parameter selbst nicht optimiert wird. Dies ist notwendig um einen gültigen Schätzer zu erhalten.

Bei der direkten Optimierung des Parameters kann wieder einfach die geschlossene Form des Parameterschätzers für den linearen Fall verwendet werden. Im generalisierten linearen Modell hingegen muss das ganze Modell numerisch geschätzt werden. Hierfür können wieder vorhandene Methoden eingesetzt werden.

Für den Ansatz mit der Score-Funktion als Strafterm müssen die Nebenbedingungen ebenfalls entsprechend beachtet werden. Die Zielfunktionen sind also hier

$$\underline{\vartheta}_k = \operatorname*{argmin}_{\vartheta_k; \, \boldsymbol{\vartheta}, \boldsymbol{x}, \boldsymbol{y}} \left(\vartheta + \rho \cdot \sum_{l=1}^{p} \left(\Psi_l(\boldsymbol{\vartheta}; \boldsymbol{x}, \boldsymbol{y}) \right)^2 \right), \tag{4.3}$$

$$\overline{\vartheta}_k = \operatorname*{argmax}_{\vartheta_k; \, \boldsymbol{\vartheta}, \boldsymbol{x}, \boldsymbol{y}} \left(\vartheta - \rho \cdot \sum_{l=1}^{p} \left(\Psi_l(\boldsymbol{\vartheta}; \boldsymbol{x}, \boldsymbol{y}) \right)^2 \right) \tag{4.4}$$

und werden damit deutlich komplexer.

Auch das heuristische Verfahren aus Abschnitt 3.6, bei dem entweder die Ecken überprüft werden oder von den Ecken aus gesucht wird, kann angewandt werden. Dabei steigt die Komplexität aber mit jedem weiteren Parameter multiplikativ um den Faktor 2.

Allgemein könnte in allen Ansätzen analog auch eine Linearkombination $\boldsymbol{\alpha}^T \boldsymbol{\vartheta}$ mit $\boldsymbol{\alpha} \in \mathbb{R}^p$ optimiert werden [Augustin, 2012].

4.1. Lineare Regression mit Intercept

Für die direkte Optimierung des Parameterschätzers geht man sehr ähnlich vor wie im eindimensionalen Fall. Bei der linearen Regression gibt es für die Parameter β_0 und β_1 bekannte geschlossene Formen, die herangezogen werden können. Gesucht wird $I(\beta_0) = [\underline{\beta}_0, \overline{\beta}_0]$ und $I(\beta_1) = [\underline{\beta}_1, \overline{\beta}_1]$. Es soll wieder gelten

$$\underline{\beta}_i = \min_{\beta_0, \beta_1, \boldsymbol{x}, \boldsymbol{y}} \beta_i, \quad \overline{\beta}_i = \max_{\beta_0, \beta_1, \boldsymbol{x}, \boldsymbol{y}} \beta_i \tag{4.5}$$

für $i = 0, 1$ unter den Nebenbedingungen

$$\begin{aligned} s_0(\beta_0, \beta_1; \boldsymbol{x}, \boldsymbol{y}) &= 0 \\ s_1(\beta_0, \beta_1; \boldsymbol{x}, \boldsymbol{y}) &= 0 \\ x_i &\in \mathfrak{X}_i, \ i = 1, \ldots, n \\ y_i &\in \mathfrak{Y}_i, \ i = 1, \ldots, n, \end{aligned}$$

wobei $s_0(\cdot)$ und $s_1(\cdot)$ die entsprechenden Score-Funktionen sind. Verwendet man die geschlossenen Formen zur Berechnung von $\hat{\beta}_0$ und $\hat{\beta}_1$, so können die Gleichheitsnebenbedingungen direkt in die Zielfunktion integriert werden, und fallen damit weg. Es gilt

$$\hat{\beta}_0(\boldsymbol{x}, \boldsymbol{y}) = \tilde{y} - \tilde{x} \frac{\sum_{i=1}^n (x_i - \tilde{x})(y_i - \tilde{y})}{\sum_{i=1}^n (x_i - \tilde{x})^2} \tag{4.6}$$

und

$$\hat{\beta}_1(\boldsymbol{x}, \boldsymbol{y}) = \frac{\sum_{i=1}^n (x_i - \tilde{x})(y_i - \tilde{y})}{\sum_{i=1}^n (x_i - \tilde{x})^2}, \tag{4.7}$$

wobei $\tilde{x}$ und $\tilde{y}$ hier jeweils das arithmetische Mittel ist mit

$$\tilde{x} := \frac{1}{n} \sum_{j=1}^n x_i \tag{4.8}$$

und

$$\tilde{y} := \frac{1}{n} \sum_{j=1}^n y_i. \tag{4.9}$$

Um die Intervallgrenzen für die Parameterschätzer zu erhalten, kann man nun einfach

$$\underline{\beta}_0 = \min_{x,y} \hat{\beta}_0(x,y), \quad \overline{\beta}_0 = \max_{x,y} \hat{\beta}_0(x,y) \tag{4.10}$$

und

$$\underline{\beta}_1 = \min_{x,y} \hat{\beta}_1(x,y), \quad \overline{\beta}_1 = \max_{x,y} \hat{\beta}_1(x,y) \tag{4.11}$$

unter den Nebenbedingungen

$$x_i \in \mathfrak{X}_i, \; i = 1,\ldots,n$$
$$y_i \in \mathfrak{Y}_i, \; i = 1,\ldots,n$$

bestimmen. Wieder benötigt man für dieses Optimierungsproblem ein numerisches Verfahren. Da die anderen Parameter im Modell zwar auch zulässig sein müssen, aber sonst beliebig sind, hat die Zielfunktion wieder n Dimensionen. Hier besteht also kein Unterschied zum eindimensionalen Fall. Dennoch könnte die Zielfunktion durch die freien Modellparameter deutlich komplexer werden, da diese implizit durch die Berechnung des Modells als Nebenbedingung in die Zielfunktion mit eingehen.

Für die Optimierung des Parameterschätzers mit der Score-Funktion als Strafterm muss eine komplexere Zielfunktion konstruiert werden. Für die Score-Funktion s_0 des Parameters β_0 und s_1 des Parameters β_1 im linearen Modell gilt

$$s_0(\beta_0,\beta_1;x,y) = \frac{\partial l(x,y;\beta_0,\beta_1)}{\partial \beta_0} = \sum_{i=1}^{n} (y_i - \beta_0 - x_i\beta_1), \tag{4.12}$$

$$s_1(\beta_0,\beta_1;x,y) = \frac{\partial l(x,y;\beta_0,\beta_1)}{\partial \beta_1} = \sum_{i=1}^{n} \left(x_iy_i - x_i\beta_0 - x_i^2\beta_1\right). \tag{4.13}$$

Der Strafterm SP setzt sich als Summe der beiden quadrierten Score-Funktionen zusammen, wobei

$$SP(\beta_0,\beta_1;x,y) = s_0(\beta_0,\beta_1;x,y)^2 + s_1(\beta_0,\beta_1;x,y)^2$$
$$= \left(\sum_{i=1}^{n}(y_i - \beta_0 - x_i\beta_1)\right)^2 + \left(\sum_{i=1}^{n}\left(x_iy_i - x_i\beta_0 - x_i^2\beta_1\right)\right)^2. \tag{4.14}$$

Für viele effiziente numerische Verfahren ist es notwendig die Ableitung der Zielfunktion anzugeben. Teilweise kann diese zwar numerisch geschätzt werden, doch dadurch werden die Verfahren deutlich langsamer. Außerdem stellt die Schätzung des Gradienten eine zusätzliche Ungenauigkeit dar, die, wenn möglich, vermieden werden sollte. In manchen Fällen war es sogar gar nicht möglich den Gradienten zu schätzen, was zum Abbruch des Optimierungsverfahrens führte. Der Gradient des Strafterms ist gegeben durch

$$\nabla SP(\beta_0, \beta_1; \boldsymbol{x}, \boldsymbol{y}) = \left(\frac{\partial SP(\beta_0, \beta_1; \boldsymbol{x}, \boldsymbol{y})}{\partial \beta_0}, \frac{\partial SP(\beta_0, \beta_1; \boldsymbol{x}, \boldsymbol{y})}{\partial \beta_1}, \right.$$
$$\frac{\partial SP(\beta_0, \beta_1; \boldsymbol{x}, \boldsymbol{y})}{\partial x_1}, \ldots, \frac{\partial SP(\beta_0, \beta_1; \boldsymbol{x}, \boldsymbol{y})}{\partial x_n},$$
$$\left. \frac{\partial SP(\beta_0, \beta_1; \boldsymbol{x}, \boldsymbol{y})}{\partial y_1}, \ldots, \frac{\partial SP(\beta_0, \beta_1; \boldsymbol{x}, \boldsymbol{y})}{\partial y_n} \right)^T. \tag{4.15}$$

Die einzelnen Elemente erhält man durch Ableiten. Es gilt

$$\frac{\partial SP(\beta_0, \beta_1; \boldsymbol{x}, \boldsymbol{y})}{\partial \beta_0} = - 2n \sum_{i=1}^{n} (y_i - \beta_0 - x_i \beta_1) -$$
$$- 2 \left(\sum_{i=1}^{n} x_i \right) \sum_{i=1}^{n} \left(x_i y_i - x_i \beta_0 - x_i^2 \beta_1 \right), \tag{4.16}$$

$$\frac{\partial SP(\beta_0, \beta_1; \boldsymbol{x}, \boldsymbol{y})}{\partial \beta_1} = - 2 \left(\sum_{i=1}^{n} x_i \right) \sum_{i=1}^{n} (y_i - \beta_0 - x_i \beta_1) -$$
$$- 2 \left(\sum_{i=1}^{n} x_i^2 \right) \sum_{i=1}^{n} \left(x_i y_i - x_i \beta_0 - x_i^2 \beta_1 \right), \tag{4.17}$$

$$\frac{\partial SP(\beta_0, \beta_1; \boldsymbol{x}, \boldsymbol{y})}{\partial x_k} = 2\beta_1 \sum_{i=1}^{n} (y_i - \beta_0 - x_i \beta_1) +$$
$$+ 2 (y_k - \beta_0 - 2x_k \beta_1) \sum_{i=1}^{n} \left(x_i y_i - x_i \beta_0 - x_i^2 \beta_1 \right), \tag{4.18}$$

$$\frac{\partial SP(\beta_0, \beta_1; \boldsymbol{x}, \boldsymbol{y})}{\partial y_k} = 2 \sum_{i=1}^{n} (y_i - \beta_0 - x_i \beta_1) +$$
$$+ 2x_k \sum_{i=1}^{n} \left(x_i y_i - x_i \beta_0 - x_i^2 \beta_1 \right). \tag{4.19}$$

4.2. Generalisierte lineare Regression mit Exponentialverteilung

Für das generalisierte lineare Modell mit Exponentialverteilung und log-Link kann nun ebenfalls ein Intercept hinzugenommen werden. Wieder kann für die direkte Optimierung des Parameterschätzers eine vorhandene Methode eingesetzt werden, wobei hier ein numerisches Verfahren nötig ist.

Für die Optimierung mit Strafterm muss hingegen wieder die Score-Funktion bestimmt werden. In diesem Fall gilt

$$s_0(\beta_0, \beta_1; \boldsymbol{x}, \boldsymbol{y}) = \sum_{i=1}^{n} \left(\frac{y_i}{\exp(\beta_0 + x_i\beta_1)} - 1 \right), \tag{4.20}$$

$$s_1(\beta_0, \beta_1; \boldsymbol{x}, \boldsymbol{y}) = \sum_{i=1}^{n} \left(\frac{x_i y_i}{\exp(\beta_0 + x_i\beta_1)} - x_i \right). \tag{4.21}$$

Der Strafterm SP setzt sich auch hier als Summe der quadrierten Score-Anteile zusammen. Man erhält

$$SP(\beta_0, \beta_1; \boldsymbol{x}, \boldsymbol{y}) = \left(\sum_{i=1}^{n} \left(\frac{y_i}{\exp(\beta_0 + x_i\beta_1)} - 1 \right) \right)^2 + \left(\sum_{i=1}^{n} \left(\frac{x_i y_i}{\exp(\beta_0 + x_i\beta_1)} - x_i \right) \right)^2. \tag{4.22}$$

Wieder wird für die numerischen Verfahren der Gradient bestimmt. Es gilt für die einzelnen Anteile des Gradienten

$$\frac{\partial SP(\beta_0, \beta_1; \boldsymbol{x}, \boldsymbol{y})}{\partial \beta_0} = 2 \sum_{i=1}^{n} \left(\frac{y_i}{\exp(\beta_0 + x_i\beta_1)} - 1 \right) \sum_{j=1}^{n} \frac{-y_j}{\exp(\beta_0 + x_j\beta_1)} +$$

$$+ 2 \sum_{i=1}^{n} \left(\frac{x_i y_i}{\exp(\beta_0 + x_i\beta_1)} - x_i \right) \sum_{j=1}^{n} \frac{-x_j y_j}{\exp(\beta_0 + x_j\beta_1)}, \qquad (4.23)$$

$$\frac{\partial SP(\beta_0, \beta_1; \boldsymbol{x}, \boldsymbol{y})}{\partial \beta_1} = 2 \sum_{i=1}^{n} \left(\frac{y_i}{\exp(\beta_0 + x_i\beta_1)} - 1 \right) \sum_{j=1}^{n} \frac{-x_j y_j.}{\exp(\beta_0 + x_j\beta_1)} +$$

$$+ 2 \sum_{i=1}^{n} \left(\frac{x_i y_i}{\exp(\beta_0 + x_i\beta_1)} - x_i \right) \sum_{j=1}^{n} \frac{-x_j^2 y_j}{\exp(\beta_0 + x_j\beta_1)}, \qquad (4.24)$$

$$\frac{\partial SP(\beta_0, \beta_1; \boldsymbol{x}, \boldsymbol{y})}{\partial x_k} = 2 \sum_{i=1}^{n} \left(\frac{y_i}{\exp(\beta_0 + x_i\beta_1)} - 1 \right) \frac{-\beta_1 y_k}{\exp(\beta_0 + x_k\beta_1)} +$$

$$+ 2 \sum_{i=1}^{n} \left(\frac{x_i y_i}{\exp(\beta_0 + x_i\beta_1)} - x_i \right) \left(\frac{y_k - x_k y_k \beta_1}{\exp(\beta_0 + x_k\beta_1)} - 1 \right), \qquad (4.25)$$

$$\frac{\partial SP(\beta_0, \beta_1; \boldsymbol{x}, \boldsymbol{y})}{\partial y_k} = 2 \sum_{i=1}^{n} \left(\frac{y_i}{\exp(\beta_0 + x_i\beta_1)} - 1 \right) \frac{1}{\exp(\beta_0 + x_k\beta_1)} +$$

$$+ 2 \sum_{i=1}^{n} \left(\frac{x_i y_i}{\exp(\beta_0 + x_i\beta_1)} - x_i \right) \frac{x_k}{\exp(\beta_0 + x_k\beta_1)}. \qquad (4.26)$$

4.3. Simulationsstudien

In diesem Abschnitt werden die beiden Modell für die Regression mit einem Parameter und Intercept an simulierten Daten untersucht. Dabei werden ähnliche Datenmodelle wie in Abschnitt 3.7 herangezogen. Der größte Unterschied besteht darin, dass keine allgemeine Methode mit analytischer Lösung zu Verfügung steht. Daher ist nicht bekannt, was die richtige Lösung ist. Dennoch liefern die Untersuchungen zusammen mit den Ergebnissen aus dem eindimensionalen Fall Hinweise auf die Richtigkeit der Lösung. Die Simulationsmodelle folgen in ihrer Konstruktion und Benennung den Modellen im eindimensionalen Fall. Hier muss aber für die Parameter β_0 und β_1 separat optimiert werden.

4.3.1. Simulationsmodell MLA und MLB

Für das Simulationsmodell (MLA, $n = 20$) und (MLB, $n = 20$) gelten vorerst die gleichen Zusammenhänge wie für (SLA) und (SLB) aus Abschnitt 3.7.1. Nur der Mittelwert wird nun mit einem zusätzlichen Intercept β_0 gebildet und β wird zu β_1. Es gilt also in beiden Fällen für die Untergrenzen

$$\underline{y} = \beta_0 + \underline{x}\beta_1 + \epsilon,$$

mit $\beta_0 = 1$. Alle anderen Zusammenhänge sind identisch. Die Resultate der verschiedenen Verfahren sind in den Tabellen 4.1 und 4.2 für (MLA) und den Tabellen 4.3 und 4.4 für (MLB) zusammengefasst.

Die Ergebnisse ähneln denen im eindimensionalen Fall: Das beste Ergebnis wird von allen Verfahren gut approximiert, außer es wird das Verfahren nach Nelder und Mead als Optimierungsverfahren eingesetzt, was deutlich kleinere Intervalle liefert. Das Penalty Verfahren mit $\rho = 100$ liefert keine zulässige Lösung, was durch eine erneute Schätzung der Parameter mit einer klassischen Methode behoben werden kann. Als einzige zuverlässige Lösung stellt sich die wiederholte unabhängige Überprüfung und Suche in den Ecken im Readjust/Research-Verfahren heraus. Hierfür wird in allen Fällen das beste Ergebnis erzielt. Andere Verfahren sind zwar teilweise auch in der Lage, eine oder beide Parametergrenzen richtig zu bestimmen, erreichen dies aber nicht in allen Fällen.

Es kann beobachtet werden, dass durch das Penalty-Verfahren und das Direct-Verfahren häufig die gleiche suboptimale Lösung gefunden wird. Es ist also zu vermuten, dass die beiden Verfahren in ein lokales Optimum laufen. In den Abbildungen 4.2 und 4.3 ist der Unterschied für β_0 und β_1 im Simulationsmodell (MLA) grafisch dargestellt. Es zeigt sich wieder wie in der eindimensionalen Optimierung, dass einige wenige falsche Ecken bestimmt wurden.

Verfahren	Algorithmus	Untergrenze	Obergrenze
Direct	L-BFGS-B	0.38524	2.58362
Penalty ($\rho = 100$)	L-BFGS-B	0.38454	2.58379
Penalty ($\rho = 100$) + Reestimate	L-BFGS-B	0.38524	2.58362
Penalty (ρ incremental)	L-BFGS-B	0.38524	2.58411
Penalty (ρ incremental) + Readjust within	L-BFGS-B	0.38524	2.58652
Direct	Nelder-Mead	0.73504	2.44020
Penalty ($\rho = 100$)	Nelder-Mead	1.34736	2.01991
Readjust/Research Loop	L-BFGS-B	0.38524	2.58652

Tabelle 4.1.: *(β_0, MLA, $n = 20$)* Ergebnisse der geschätzten Parameterintervalle für β_0 in einem linearen Modell mit Intercept für verschiedene Verfahren. Die Daten mit 20 Beobachtungen ($n = 20$) wurden nach dem Modell (MLA) simuliert. Das beste Ergebnis kann nur mit zusätzlicher unabhängiger Überprüfung der Ecken erreicht werden. Die alleinige unabhängige Überprüfung der Ecken und anschließende unabhängige Suche ausgehend von den Ecken bestimmt die beste gefundene Lösung.

Verfahren	Algorithmus	Untergrenze	Obergrenze
Direct	L-BFGS-B	0.30744	1.58738
Penalty ($\rho = 100$)	L-BFGS-B	0.30739	1.58757
Penalty ($\rho = 100$) + Reestimate	L-BFGS-B	0.30744	1.58738
Penalty (ρ incremental)	L-BFGS-B	0.30744	1.58738
Penalty (ρ incremental) + Readjust within	L-BFGS-B	0.30744	1.58738
Direct	Nelder-Mead	0.43048	1.41157
Penalty ($\rho = 100$)	Nelder-Mead	0.61287	1.12035
Readjust/Research Loop	L-BFGS-B	0.30732	1.58738

Tabelle 4.2.: *(β_1, MLA, $n = 20$)* Ergebnisse der geschätzten Parameterintervalle für β_1 in einem linearen Modell mit Intercept für verschiedene Verfahren. Die Daten mit 20 Beobachtungen ($n = 20$) wurden nach dem Modell (MLA) simuliert. In diesem Fall wird, selbst mit wiederholter Überprüfung der Ecken, das richtige Ergebnis nicht gefunden, obwohl die beste Lösung in den Ecken liegt (siehe auch Abbildung 4.3). Dies liegt daran, dass die Veränderung der falsch gewählten Ecken vorerst zu einer Verschlechterung führt. Trotzdem findet das Readjust/Research-Verfahren die beste Lösung.

Da die falsch ausgewählten Punkte in den Ecken liegen, könnte man vermuten, dass die unabhängige Überprüfung der Ecken das richtige Ergebnis liefert. Für das Penalty-Verfahren mit sukzessiver Erhöhung des Gewichts ρ und Anwendung des Readjust-Verfahrens in jeder Iteration wäre dies gegeben. In (MLA) für β_1 verbessert sich die Lösung dadurch aber nicht (siehe Tabelle 4.2). Eine nähere Untersuchung zeigt: wird nur eine Ecke auf das richtige Ergebnis gesetzt, vergrößert sich das Intervall vorerst, wobei man die Untergrenze 0.30807 erhält. Erst wenn man beide falsch gewählten Ecken korrigiert, erhält man die minimale Untergrenze 0.30732. Die unabhängige Überprüfung der Ecken schlägt in diesem Fall also fehl.

Verfahren	Algorithmus	Untergrenze	Obergrenze
Direct	L-BFGS-B	0.20234	1.30725
Penalty ($\rho = 100$)	L-BFGS-B	0.20233	1.30728
Penalty ($\rho = 100$) + Reestimate	L-BFGS-B	0.20234	1.30725
Penalty (ρ incremental)	L-BFGS-B	0.20234	1.30725
Direct	Nelder-Mead	0.32398	1.19107
Penalty ($\rho = 100$)	Nelder-Mead	0.36269	1.13826
Readjust/Research Loop	L-BFGS-B	0.20234	1.30725

Tabelle 4.3.: $(\beta_0, MLB, n = 20)$ Ergebnisse der geschätzten Parameterintervalle für β_0 in einem linearen Modell mit Intercept für verschiedene Verfahren. Die Daten mit 20 Beobachtungen ($n = 20$) wurden nach dem Modell (MLB) simuliert.

Trotzdem findet das Readjust/Research-Verfahren alleine das kleinste Intervall, obwohl hier die einzelnen Beobachtungen ebenfalls unabhängig untersucht werden. Dennoch stellt dieser Fall die unabhängige Überprüfung der Ecken in Frage, da wohl auch hier eventuell nur lokale Optima gefunden werden können.

Für (MLB) tritt dieses Phänomen nicht auf: Durch zusätzliche Überprüfung der Ecken kann das beste Ergebnis mit dem Penalty-Verfahren erreicht werden (siehe Tabelle 4.4). Das beste gefundene Ergebnis für beide Parameter ist in Abbildung 4.1 wiedergegeben. Die Unterschiede für das Direct-Verfahren zur besten gefundenen Lösung für β_1 sind außerdem in Anhang B in Abbildung B.2 dargestellt. Hier unterscheiden sich die Verfahren nur in einer Beobachtung.

Allgemein ist noch zu erwähnen, dass im Penalty-Verfahren mit sukzessiver Erhöhung des Gewichts ρ das Verfahren für zu kleine Werte nicht konvergiert. Daher wird für alle Simulationsmodelle mit Intercept die Sequenz für das Gewicht ρ erst

Verfahren	Algorithmus	Untergrenze	Obergrenze
Direct	L-BFGS-B	0.16811	2.06907
Penalty ($\rho = 100$)	L-BFGS-B	0.16808	2.06922
Penalty ($\rho = 100$) + Reestimate	L-BFGS-B	0.16811	2.06907
Penalty (ρ incremental)	L-BFGS-B	0.16811	2.06907
Penalty (ρ incremental) + Readjust within	L-BFGS-B	0.16713	2.06907
Direct	Nelder-Mead	0.33238	1.75577
Penalty ($\rho = 100$)	Nelder-Mead	0.43273	1.78012
Readjust/Research Loop	L-BFGS-B	0.16713	2.06907

Tabelle 4.4.: *(β_1, MLB, $n = 20$)* Ergebnisse der geschätzten Parameterintervalle für β_1 in einem linearen Modell mit Intercept für verschiedene Verfahren. Die Daten mit 20 Beobachtungen ($n = 20$) wurden nach dem Modell (MLB) simuliert.

bei 1 begonnen, wodurch die Optimierungsverfahren wieder konvergieren.

4.3.2. Simulationsmodell MLD

Analog zu Abschnitt 3.7.3 für den eindimensionalen Parameterraum wird der Spezialfall mit skalaren x-Werten im linearen Modell untersucht. Wieder gilt

$$x \sim U(-1, 2)$$

und

$$\underline{x} = \overline{x} = x.$$

Die weiteren Zusammenhänge entsprechen denen in den Simulationsmodellen (MLA) und (MLB).

Wieder konnte das Direct-Verfahren nicht eingesetzt werden. Das Verfahren *Penalty* liefert wie in Abschnitt 3.7.3 für den eindimensionalen Parameter ungenaue Intervalle, bestimmt aber die richtigen Punkte in den Intervallen der Daten. Daher wird hier auch durch erneute Schätzung mit den gegebenen Punkten das richtige Intervall berechnet. Alle anderen Verfahren finden sofort die richtige Lösung, die analytisch bestimmt werden kann. Man erhält die Intervalle $I(\beta_0) = [1.30078, 1.83961]$ und $I(\beta_1) = [0.52054, 0.99178]$.

Die numerischen Ergebnisse finden sich in Anhang B in Tabelle B.2 für β_0 und in Tabelle B.3 für β_1. Abbildung 4.4 gibt zudem die Intervalle mit den jeweils ausgewählten Punkten und den Regressionsgeraden wieder.

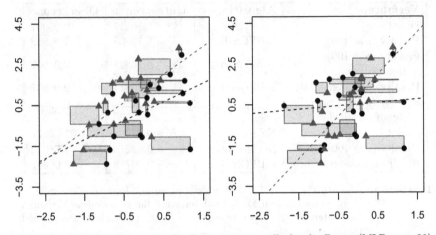

Abbildung 4.1.: Schätzungen der Parameterintervalle für die Daten (MLB, $n = 20$) in der linearen Regression mit Intercept. Links sind die Grenzen für β_0 und rechts die Grenzen für β_1 wiedergegeben. Für die Schätzung wurde die Readjust/Research-Methode verwendet.

4.3.3. Simulationsmodell MEA und MEB

Wieder wird für die generalisierte lineare Regression das Datenmodell für (MEA, $n = 20$) und (MEB, $n = 20$) analog zu Abschnitt 3.7.4 gewählt. Der lineare Prädiktor besteht aber wie im letzten Abschnitt zusätzlich aus einem Intercept. Somit gilt der Zusammenhang der Untergrenzen mit

$$\underline{y} = \exp(\beta_0 + \underline{x}\beta_1) + \epsilon,$$

wobei $\beta_0 = 0.5$ und $\beta_1 = 0.2$. Die weiteren Zusammenhänge sind identisch zum Modell mit nur einem Parameter.

Die numerischen Ergebnisse sind in den Tabellen 4.5 bis 4.8 zusammengefasst. Wieder kann beobachtet werden, dass das Penalty-Verfahren mit festem $\rho = 100$ nur durch erneute Schätzung einen zulässigen Parameter liefert. Zusätzlich besteht teilweise eine leichte Abweichung, selbst wenn ρ sukzessive erhöht wird (siehe Tabelle 4.5 und 4.8). Auch hier kann dies aber durch erneute Schätzung der Parameter mit

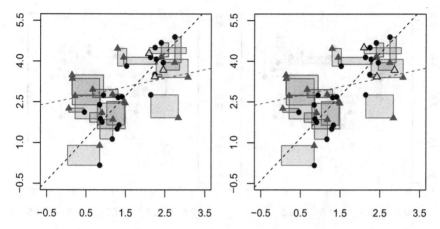

Abbildung 4.2.: Unterschiede für die Intervalldaten (MLA, $n = 20$) in der linearen Regression mit Intercept für β_0. Die Grenzen des Parameterschätzers wurden links mit dem Readjust/Research-Verfahren bestimmt. Rechts wurden die Grenzen durch die direkte Optimierung mit Strafterm berechnet.

den gegebenen Werten korrigiert werden. Das Verfahren nach Nelder und Mead führt auch in diesem Fall zu durchwegs kleineren, suboptimalen Intervallen.

Nur für das Datenmodell (MEA) kann für β_1 mit den Verfahren *Direct* und *Penalty* nicht sofort das gleiche Ergebnis erzielt werden wie mit dem Radjust/Research-Verfahren (siehe Tabelle 4.6). Durch erneute Überprüfung der Ecken kann aber die beste Lösung bestimmt werden. Der Unterschied besteht in nur einer Beobachtung und ist im Anhang B in Abbildung B.3 dargestellt.

Das beste Ergebnis wird für (MEA) in Abbildung 4.5 und für (MEB) in Abbildung 4.6 grafisch gezeigt.

4.3.4. Schlussfolgerung aus den Simulationsstudien

Für die einfache Regression mit Intercept verhalten sich die Verfahren ähnlich wie für die Modelle ohne Intercept. Da aber keine Referenzmethode zur Verfügung steht, könnte es sein, dass die beste Lösung durch keines der Verfahren bestimmt werden konnte. Das erscheint hier aber eher unwahrscheinlich.

Eine wichtige Beobachtung ist jedoch, dass selbst die unabhängige Überprüfung

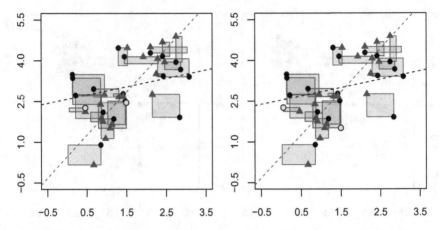

Abbildung 4.3.: Unterschiede für die Intervalldaten (MLA, $n = 20$) in der linearen Regression mit Intercept für β_1. Die Grenzen des Parameterschätzers wurden links mit dem Readjust/Research-Verfahren bestimmt. Rechts wurden die Grenzen durch die direkte Optimierung mit Strafterm berechnet.

der Ecken in einem Fall nicht die richtigen Ecken finden konnte, da diese nur gemeinsam zu einem besseren Ergebnis führen – einzeln aber jeweils vorerst zu einer Verschlechterung des Ergebnisses. Daher muss angenommen werden, dass auch das Readjust/Research-Verfahren im Allgemeinen nur ein lokales Optimum findet. Dennoch war dieses Verfahren auch hier das robusteste.

Für den Spezialfall mit skalaren x-Werten gilt das gleiche, wie für den eindimensionalen Parameterraum: Das Direct-Verfahren konnte nicht verwendet werden. Alle anderen Verfahren finden die richtigen Punkte für die extremsten Parameterschätzer aus den Intervallen der Daten.

Das Optimierungsverfahren nach Nelder und Mead hat sich auch für den zweidimensionalen Parameter in keinem der Fälle bewährt und durchwegs kleinere Intervalle geliefert.

4.4. Einhüllende des zweidimensionalen Parameterraums

Die bisher vorgestellten Verfahren liefern für jeden Parameter unabhängig geschätzte Intervalle. Diese beschreiben im zweidimensionalen Fall ein Rechteck. Dabei sind

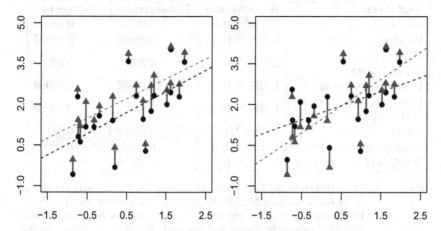

Abbildung 4.4.: Schätzungen der Parameterintervalle für die Daten (MLD, $n = 20$) in der linearen Regression mit Intercept. Links sind die Grenzen für β_0 und rechts die Grenzen für β_1 wiedergegeben. Die Schätzung wurde analytisch bestimmt.

aber nicht alle Kombinationen in diesem Rechteck zulässig, sondern dieses hüllt den simultanen Identifizierungsbereich der Schätzer nur ein und ist damit sehr konservativ. Es wäre also von Interesse, die Region zu verkleinern, um so eine weniger konservative Abschätzung zu bestimmen.

Um die tatsächliche Region der zulässigen Schätzer zu erhalten, könnte für einen der beiden Parameter zwischen dem minimalen und maximalen Wert ein Grid erstellt werden und für jeden Punkt auf diesem Grid der minimale und der maximale Wert für den zweiten Parameter bestimmt werden. Anschließend könnte zwischen den Grid-Punkten interpoliert werden, um so die Region der zulässigen Schätzer zu erhalten.

Bei diesem Vorgehen müssen die $x_i \in \mathfrak{X}_i$ und $y_i \in \mathfrak{Y}_i$ des Parameterschätzers aber so bestimmt werden, dass die Score-Funktionen für beide Parameter 0 sind. Dabei ist aber der erste Parameter als fester Wert gegeben. Das heißt es ergibt sich das Optimierungsproblem

$$\underline{\beta}_1 = \min_{\beta_1, \boldsymbol{x}, \boldsymbol{y}} \beta_1, \ \overline{\beta}_1 = \max_{\beta_1, \boldsymbol{x}, \boldsymbol{y}} \beta_1 \tag{4.27}$$

Verfahren	Algorithmus	Untergrenze	Obergrenze
Direct	L-BFGS-B	-0.39756	0.93909
Penalty ($\rho = 100$)	L-BFGS-B	-0.39852	0.93964
Penalty ($\rho = 100$) + Reestimate	L-BFGS-B	-0.39756	0.93909
Penalty (ρ incremental)	L-BFGS-B	-0.39757	0.93909
Penalty (ρ incremental) + Reestimate	L-BFGS-B	-0.39756	0.93909
Direct	Nelder-Mead	-0.07003	0.81176
Penalty ($\rho = 100$)	Nelder-Mead	0.08401	0.58009
Readjust/Research Loop	L-BFGS-B	-0.39756	0.93909

Tabelle 4.5.: (β_0, MEA, $n = 20$) Ergebnisse der geschätzten Parameterintervalle für β_0 in einem linearen Modell mit Intercept für verschiedene Verfahren. Die Daten mit 20 Beobachtungen ($n = 20$) wurden nach dem Modell (MEA) simuliert. In diesem Fall hat auch die sukzessive Erhöhung des Gewichts ρ im Penalty-Verfahren einen unzulässigen Schätzer geliefert. Dieser weicht aber nur in der fünften Nachkommastelle von der richtigen Lösung ab.

unter den Nebenbedingungen

$$s_0(\beta_1; \beta_0, \boldsymbol{x}, \boldsymbol{y}) = 0$$
$$s_1(\beta_1; \beta_0, \boldsymbol{x}, \boldsymbol{y}) = 0$$
$$x_i \in \mathfrak{X}_i, \ i = 1, \ldots, n$$
$$y_i \in \mathfrak{Y}_i, \ i = 1, \ldots, n,$$

wenn β_0 der erste, feste und β_1 der zweite, gesuchte Parameter ist. Dabei ist s_0 die Score-Funktion, für die nach β_0 und s_1 die Score-Funktion, für die nach β_1 abgeleitet wurde. Es muss also für jedes β_0 auf dem Grid neu optimiert werden.

Dabei wird klar, dass dieses Optimierungsproblem nicht deutlich einfacher ist. Der einzige Unterschied ist, dass der Parameter β_0 nicht frei, sondern fest ist. Die Anzahl und Komplexität der Nebenbedingungen bleibt aber gleich. Außerdem ist es nicht einfach möglich mit klassischen Methoden einen zulässigen Wert für β_1 zu finden, wenn β_0 bereits gegeben ist. Die klassischen Verfahren zur Schätzung der Parameter gehen nämlich davon aus, dass beide Parameter geschätzt werden. Außerdem sind diese für gegebene Beobachtungen eindeutig bestimmt. In dem hier besprochenen Fall wird aber nicht nur der Parameterschätzer β_1 gesucht, sondern auch eine Kombination $\boldsymbol{x} \in \mathfrak{X}$ und $\boldsymbol{y} \in \mathfrak{Y}$ für gegebenes β_0, das die Nebenbedingungen der Score-Funktionen erfüllt.

Verfahren	Algorithmus	Untergrenze	Obergrenze
Direct	L-BFGS-B	0.02982	0.74669
Penalty ($\rho = 100$)	L-BFGS-B	0.02969	0.74699
Penalty ($\rho = 100$) + Reestimate	L-BFGS-B	0.02982	0.74669
Penalty (ρ incremental)	L-BFGS-B	0.02982	0.74669
Penalty (ρ incremental) + Readjust within	L-BFGS-B	0.02980	0.74669
Direct	Nelder-Mead	0.12994	0.57113
Penalty ($\rho = 100$)	Nelder-Mead	0.27188	0.43701
Readjust/Research Loop	L-BFGS-B	0.02980	0.74669

Tabelle 4.6.: (β_1, MEA, $n = 20$) Ergebnisse der geschätzten Parameterintervalle für β_1 in einem linearen Modell mit Intercept für verschiedene Verfahren. Die Daten mit 20 Beobachtungen ($n = 20$) wurden nach dem Modell (MEA) simuliert. Das Direct- und das Penalty-Verfahren finden für die Untergrenzen das gleiche suboptimale Ergebnis. Dieses unterscheidet sich im Vergleich zur besten Lösung in nur einer Beobachtung (siehe Abbildung B.3 in Anhang B).

Obwohl der gesuchte Parameterschätzer eindimensional ist, kann das Verfahren aus Abschnitt 3.1, bei dem man die Score-Anteile optimiert, nicht verwendet werden, weil dabei die Nebenbedingung der Score-Funktion für β_0 nicht beachtet werden kann. Des Weiteren kann das Verfahren zur direkten Optimierung des Parameterschätzers aus Abschnitt 3.4 ebenfalls nicht eingesetzt werden, da man in diesem für gegebenes $x \in \mathfrak{X}$ und $y \in \mathfrak{Y}$ beide Parameter bestimmt. Hier sind die Beobachtungen aber gerade nicht gegeben, sondern werden erst für ein gegebenes β_0 gesucht. Damit kann auch die Suche nach den optimalen Werten in den Ecken und ausgehend von den Ecken aus Abschnitt 3.6 nicht verwendet werden, weil hier ebenfalls von zulässigen $x_i \in \mathfrak{X}_i$ und $y_i \in \mathfrak{Y}_i$ ausgegangen wird und beide Parameter gleichzeitig geschätzt werden.

Es bleibt also entweder das Problem (4.27) unter den gegebenen Nebenbedingungen so zu optimieren, wie es ist, oder die Nebenbedingung der Score-Funktion wie in Abschnitt 3.5 in die Zielfunktion als Strafterm zu integrieren, um diese so implizit zu erfüllen. Für ersteres wurde in dieser Arbeit noch keine Lösung entwickelt. Letzteres wäre grundsätzlich möglich. Da aber die Verfahren für die Suche eines globalen Optimums nicht zur Verfügung stehen, könnte es sein, dass (mit den in dieser Arbeit vorgeschlagenen Verfahren) nur ein lokales Optimum gefunden wird.

Ein anderer Ansatz den simultanen Identifizierungsbereich weiter einzuschränken wäre, Linearkombinationen der Parameter zu optimieren. Im Parameterraum $\mathbb{R}^2$

Verfahren	Algorithmus	Untergrenze	Obergrenze
Direct	L-BFGS-B	0.43755	0.94846
Penalty ($\rho = 100$)	L-BFGS-B	0.43754	0.94851
Penalty ($\rho = 100$) + Reestimate	L-BFGS-B	0.43755	0.94846
Penalty (ρ incremental)	L-BFGS-B	0.43755	0.94846
Direct	Nelder-Mead	0.47393	0.88896
Penalty ($\rho = 100$)	Nelder-Mead	0.51120	0.84775
Readjust/Research Loop	L-BFGS-B	0.43755	0.94846

Tabelle 4.7.: *(β_0, MEB, $n = 20$)* Ergebnisse der geschätzten Parameterintervalle für β_0 in einem linearen Modell mit Intercept für verschiedene Verfahren. Die Daten mit 20 Beobachtungen ($n = 20$) wurden nach dem Modell (MEB) simuliert.

sind Geraden mit der Steigung m als

$$\beta_1 = c + m\beta_0 \tag{4.28}$$

definiert. Dabei kann die Gerade mit der Variable c bei konstanter Steigung m verschoben werden. Die Gleichung lässt sich weiter zu

$$c = \beta_0 - m\beta_0 \tag{4.29}$$

umformen. Auf der rechten Seite steht nun eine einfache Linearkombination der partiell identifizierten Parameter. Werden die zulässigen Parameter für ein festes m so bestimmt, dass c minimal wird, gibt es keine zulässigen Werte unter der Geraden (4.28). Für die Maximierung gibt es keine anderen zulässigen Parameter über der Geraden. Die rechte Seite von (4.29) kann dabei mit dem Direct- oder Penalty-Verfahren oder den heuristischen Ansätzen optimiert werden. Praktisch ist dieses Problem vermutlich nicht deutlich aufwendiger als die Parameterschätzer unabhängig zu optimieren. Um den simultanen Identifizierungsbereich systematisch einzuschränken, können Linearkombinationen mit verschiedenen Werten für m optimiert werden. Dabei erhält man jeweils eine Gerade, die einen Teil aus dem bisherigem Identifizierungsbereich ausschließt. Sinnvoll erscheinen hier insbesondere Werte für $m \in \ ] -\infty, 0 [$.

4.5. Multiple Regression

Für die multiple Regression können prinzipiell die gleichen Verfahren wie für die einfache Regression mit Intercept angewandt werden. Dennoch ist zu beachten, dass die

Verfahren	Algorithmus	Untergrenze	Obergrenze
Direct	L-BFGS-B	-0.09536	0.81926
Penalty ($\rho = 100$)	L-BFGS-B	-0.09545	0.81930
Penalty ($\rho = 100$) + Reestimate	L-BFGS-B	-0.09536	0.81926
Penalty (ρ incremental)	L-BFGS-B	-0.09537	0.81926
Penalty (ρ incremental) + Reestimate	L-BFGS-B	-0.09536	0.81926
Direct	Nelder-Mead	0.03849	0.59203
Penalty ($\rho = 100$)	Nelder-Mead	0.09917	0.57741
Readjust/Research Loop	L-BFGS-B	-0.09536	0.81926

Tabelle 4.8.: (β_1, MEB, $n = 20$) Ergebnisse der geschätzten Parameterintervalle für β_1 in einem linearen Modell mit Intercept für verschiedene Verfahren. Die Daten mit 20 Beobachtungen ($n = 20$) wurden nach dem Modell (MEB) simuliert.

Zielfunktion dadurch deutlich komplexer wird. Insbesondere können sich verschiedene Kovariablen im linearen Prädiktor gegenseitig ausgleichen und zu weiteren lokalen Extrema führen, die auch nicht mehr mit der Suche ausgehend von den Ecken gefunden werden können. Zu erwarten wäre aber, dass zumindest eine gute approximative Lösung gefunden werden kann.

Das Optimierungsproblem lässt sich weiterhin mit Box-Constraints und der Score-Funktion in den Nebenbedingungen beschreiben. Wie auch im Modell mit einer unabhängigen Variablen und Intercept, kann das Partial-Score-Verfahren nicht eingesetzt werden. Das Direct- und Penalty-Verfahren, sowie das kombinierte Readjust/Research-Verfahren wären aber prinzipiell geeignet.

Für das Optimierungsproblem gelten für das Direct- und Penalty-Verfahren die gleichen Eigenschaften wie zuvor: Auf Grund der hohen Dimension der Zielfunktion werden für größere Stichprobenumfänge äußerst effiziente Optimierungsverfahren benötigt. Beim Readjust/Research-Verfahren wären aber durchaus auch noch robustere Verfahren denkbar: Hier kommt für jede weitere unabhängige Variable eine weitere Dimension hinzu. Für wenige Kovariablen könnte also nicht nur ausgehend von den Ecken gesucht werden, sondern an weiteren Punkten gestartet werden, um so das globale Extremum zu finden. Dieses Grid wächst aber exponentiell mit der Anzahl der unabhängigen Variablen. Die Komplexität ist in einem Regressionsmodell mit p unabhängigen Variablen und Intercept, sowie k Unterteilungen in jeder Dimension

$$\mathcal{O}\left(k^{(p+1)}n\right).$$

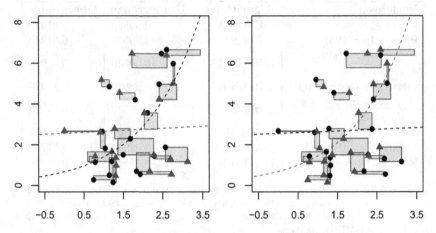

Abbildung 4.5.: Schätzungen der Parameterintervalle für die Daten (MEA, $n = 20$) in der linearen Regression mit Intercept. Links sind die Grenzen für β_0 und rechts die Grenzen für β_1 wiedergegeben. Für die Schätzung wurde die Readjust/Research-Methode verwendet.

Beachtet man nur die Ecken, so wäre $k = 2$ und man erhielte die gleiche Komplexität wie für eine Iteration im Readjust/Research-Verfahren.

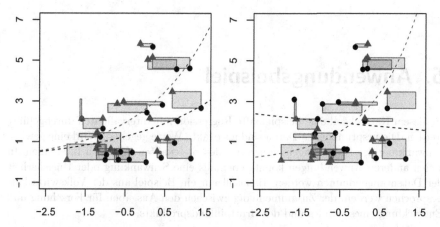

Abbildung 4.6.: Schätzungen der Parameterintervalle für die Daten (MEB, $n = 20$) in der linearen Regression mit Intercept. Links sind die Grenzen für β_0 und rechts die Grenzen für β_1 wiedergegeben. Für die Schätzung wurde die Readjust/Research-Methode verwendet.

73

5. Anwendungsbeispiel

In diesem Kapitel soll eine beispielhafte Regression mit Intervalldaten durchgeführt werden. Die ursprünglichen Daten sind als exakte Werte gegeben. Wird eine gewisse Schwankung der Daten angenommen, werden die exakten Werte zu Intervallen. In vielen anderen Anwendungen könnte ebenfalls eine Schwankung oder Unsicherheit der Daten angenommen werden. Hier soll nur ein Beispiel aus der Volkswirtschaft besprochen werden: der Zusammenhang zwischen den Ausgaben für Forschung und Entwicklung eines Landes und des Bruttoinlandsprodukts.

5.1. Zusammenhang der Ausgaben für Forschung und Entwicklung mit dem Bruttoinlandsprodukt

Die verwendeten Daten [UNESCO, 2012] wurden von der Website des *UNESCO Institute for Statistics*[1] bezogen. In Anhang C wird genau beschrieben wie die Daten generiert werden können. Außerdem befindet sich dort eine Tabelle mit allen verwendeten Werten der entsprechenden Länder. Selektiert wurde das Bruttoinlandsprodukt pro Einwohner, und die Ausgaben für Forschung und Entwicklung pro Einwohner für das Jahr 2008. Die Abkürzung PPP[2] steht für die Kaufkraftparität (siehe beispielsweise [Krugman et al., 2011]), mit der hier die Kaufkraft in US$ bezeichnet wird. Damit wird also nicht der absolute Geldbetrag angegeben, sondern die Kaufkraft des Betrages in dem jeweiligen Land im Jahr 2008. Im Weiteren werden nur die Länder beachtet, für die die Werte *GERD per capita in PPP US$* (abgekürzt mit *GERD*[3]) und *GDP per capita in PPP US$* (abgekürzt mit *GDP*[4]) für das Jahr 2008 zur Verfügung standen. Dabei sind $n = 82$ Länder für die Auswertung vorhanden.

Vorerst wird ein Regressionsmodell für die exakten Daten entwickelt. In Abbildung 5.1 ist ein Streudiagramm der Daten angegeben. Offensichtlich ist der Zusammenhang nicht linear: Alle Werte der abhängigen und unabhängigen Variablen sind größer Null und es tritt eine starke Häufung am Nullpunkt auf. Zudem erscheint der

---

[1] www.uis.unesco.org
[2] Purchasing Power Parity
[3] Gross domestic Expenditure on Research and Development
[4] Gross Domestic Product

Zusammenhang eher logarithmisch zu sein. Daher wird die unabhängige Variable GERD logarithmiert, was in Abbildung 5.2 gezeigt wird. Die transformierten Daten streuen hier deutlich besser. Dennoch erscheint der Zusammenhang nicht linear zu sein. Außerdem wurden die Werte der abhängigen Variablen nicht transformiert, wodurch Werte kleiner Null inhaltlich nicht sinnvoll sind.

In den Abbildungen 5.1 und 5.2 ist eine einfache lineare Regression mit Intercept auf den transformierten Daten eingezeichnet. Das Modell ist dabei durch

$$E(y_{GDP}) = \beta_0 + \beta_1 \log(x_{GERD}) \tag{5.1}$$

gegeben. In Abbildung 5.2 kann man erkennen, dass der wahre Zusammenhang jedoch nicht linear ist. Daher wird zusätzlich ein generalisiertes lineares Modell mit Exponentialverteilung und log-Link berechnet. Dieses hat außerdem die Eigenschaft, dass alle vorhergesagten Werte für die abhängige Variable größer Null sind. Es gilt also

$$E(y_{GDP}) = \exp(\beta_0 + \beta_1 \log(x_{GERD})). \tag{5.2}$$

Inhaltlich kann hier nicht von einem kausalen Zusammenhang ausgegangen werden. Die Ausgaben für Forschung und Entwicklung beeinflussen zwar unter Umständen das Bruttoinlandsprodukt, ebenso beeinflusst aber mit großer Wahrscheinlichkeit das Bruttoinlandsprodukt die Ausgaben für Forschung und Entwicklung. Die Regressionen sollten daher eher deskriptiv verstanden werden.

Prinzipiell müssten die Länder, für die die Werte nicht verfügbar sind, als fehlende Werte betrachtet werden. Diese könnten schließlich gerade einen systematisch anderen Zusammenhang beschreiben, als die tatsächlich beobachteten. Eine Möglichkeit wäre, diese als Intervalle anzugeben, die alle möglichen Werte abdecken.

Die generalisierte Regression mit Exponentialverteilung scheint den Zusammenhang zwischen den beiden Variablen gut zu beschreiben. Zusätzlich werden hier auch nur Werte größer Null für die abhängige Variable angenommen, was inhaltlich ein deutlich besseres Modell ist, als die lineare Regression. Die Streuung entspricht aber dennoch nicht der einer Exponentialverteilung, da eine deutliche Häufung um den Mittelwert zu beobachten ist und bei größeren Werten für die abhängige Variable keine Beobachtungen um Null vorhanden sind. Dennoch beschreibt das Modell die anderen Eigenschaften akkurat. Als Alternative könnte ein generalisiertes lineares Modell mit Gamma-Verteilung sinnvoll sein, was hier aber nicht weiter ausgeführt wird.

5.2. Regressionsmodell mit Intervalldaten

Für die Daten werden nun Intervalle festgelegt. Diese könnten als Schwankungen in den Werten interpretiert werden. So könnte beispielsweise die Frage beantwortet werden, wie stark die Regressionsparameter bei einer bestimmten möglichen Schwankung der Werte abweichen. Im Weiteren wird angenommen, dass die Werte in jeder Dimension um

$$\exp(0.1) - 1 \approx 10\%$$

in beide Richtungen schwanken können. Die Intervalle für diese Annahme sind in Abbildung 5.3 für die ursprüngliche und in Abbildung 5.4 für die logarithmierte unabhängige Variable GERD dargestellt.

Für die Bestimmung der Intervallgrenzen der Parameterschätzer wurde das Verfahren *Readjust/Research* aus Abschnitt 3.6 eingesetzt. Die Ergebnisse sind in Tabelle 5.1 für das lineare und das generalisierte lineare Modell zusammengefasst. In den Abbildungen 5.3 und 5.4 sind die Regressionskurven für die Grenzen von β_1 angegeben. Die Grenzen für β_0 befinden sich in Anhang C in den Abbildungen C.1 und C.2.

Modell	Beta	Untergrenze	Obergrenze
Linear	β_0	-11376.28	-2727.06
	β_1	5258.74	7652.32
Exponential	β_0	7.68586	8.25174
	β_1	0.33052	0.45126

Tabelle 5.1.: Ergebnisse für die Intervallgrenzen der Parameterschätzer für die Intervalldaten des Bruttoinlandsprodukts (GDP) und der Ausgaben für Forschung und Entwicklung (GERD) für 82 Länder in PPP US$ pro Einwohner im Jahr 2008 [UNESCO, 2012]. Die Extrema wurden mit dem Readjust/Research-Verfahren aus Abschnitt 3.6 berechnet.

In den Abbildungen 5.5 und 5.6 sind die Regressionskurven für die Grenzen von β_1 im generalisierten linearen Modell mit Exponentialverteilung und log-Link dargestellt. In Anhang C befinden sich in den Abbildungen C.3 und C.4 die Intervallgrenzen von β_0 für dieses Modell. Wieder wurden die Extrema mit dem Readjust/Research-Verfahren aus Abschnitt 3.6 bestimmt.

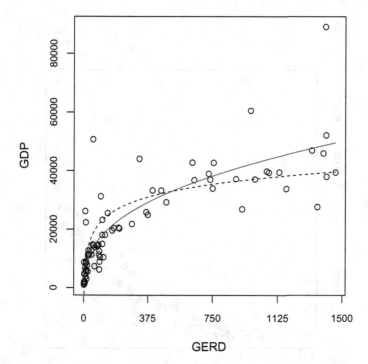

Abbildung 5.1.: Streudiagramm des Bruttoinlandsprodukts (GDP) und der Ausgaben für Forschung und Entwicklung (GERD) für 82 Länder in PPP US$ pro Einwohner im Jahr 2008 [UNESCO, 2012]. Die gestrichelte (blaue) Kurve ist das Ergebnis einer linearen Regression mit GERD als unabhängige und GDP als abhängige Variable, wobei die unabhängige Variable für die Regression logarithmiert wurde. Die durchgezogene (rote) Kurve ist das Ergebnis einer generalisierten linearen Regression mit Exponentialverteilung und log-Link, wobei die unabhängige Variable wieder logarithmiert wurde (siehe auch Abbildung 5.2).

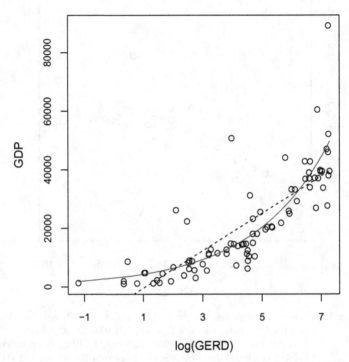

Abbildung 5.2.: Die gleiche Situation wie in Abbildung 5.1, wobei *GERD* auf einer logarithmischen Skala angegeben ist.

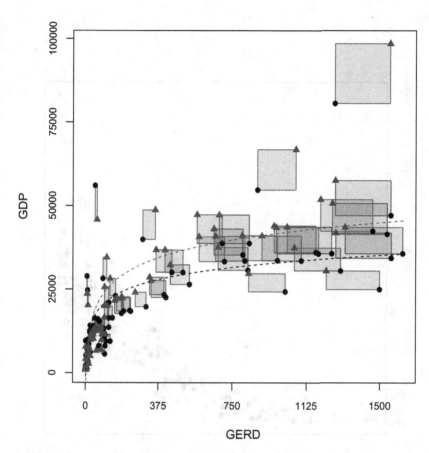

Abbildung 5.3.: *(β₁, lineares Modell)* Intervalldaten des Bruttoinlandsprodukts (GDP) und der Ausgaben für Forschung und Entwicklung (GERD) für 82 Länder in PPP US$ pro Einwohner im Jahr 2008 [UNESCO, 2012]. Dabei wurden die Intervalle aus den exakten Werten mit einer Abweichung von etwa 10% in beiden Richtungen für die unabhängige und die abhängige Variable berechnet. Die (blauen) Kreise und die (blaue) untere gestrichelte Kurve geben die lineare Regression für die untere Grenze des Parameterschätzers β_1 an. Die (roten) Dreiecke und die (rote) obere gestrichelte Kurve geben die obere Grenze wieder. Für die Regression werden die Werte der unabhängigen Variablen GERD logarithmiert. Die Extrema wurden mit dem Readjust/Research-Verfahren aus Abschnitt 3.6 berechnet.

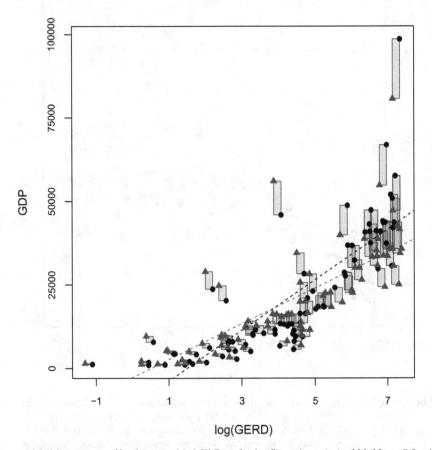

Abbildung 5.4.: *(β₁, lineares Modell)* Die gleiche Situation wie in Abbildung 5.3 mit logarithmischer Skala der unabhängigen Variablen *GERD*. Die Intervalle haben daher in horizontaler Richtung optisch die gleiche Breite.

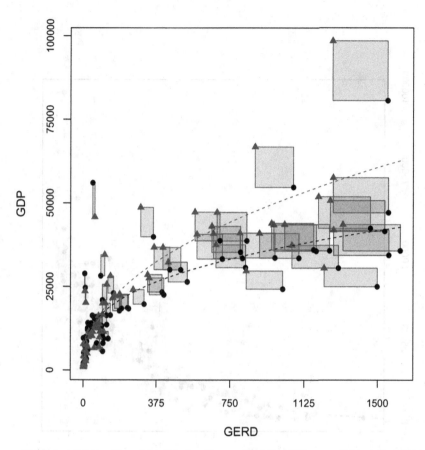

Abbildung 5.5.: *(β₁, generalisiertes lineares Modell mit Exponentialverteilung)* Intervalldaten des Bruttoinlandsprodukts (GDP) und der Ausgaben für Forschung und Entwicklung (GERD) für 82 Länder in PPP US$ pro Einwohner im Jahr 2008 [UNESCO, 2012]. Dabei wurden die Intervalle aus den exakten Werten mit einer Abweichung von etwa 10% in beiden Richtungen für die unabhängige und die abhängige Variable berechnet. Die (blauen) Kreise und die (blaue) untere gestrichelte Kurve geben die generalisierte lineare Regression mit Exponentialverteilung und log-Link für die untere Grenze des Parameterschätzers β_1 an. Die (roten) Dreiecke und die (rote) obere gestrichelte Kurve geben die obere Grenze wieder. Für die Regression werden die Werte der abhängigen Variablen GERD logarithmiert. Die Extrema wurden mit dem Research/Readjust-Verfahren berechnet.

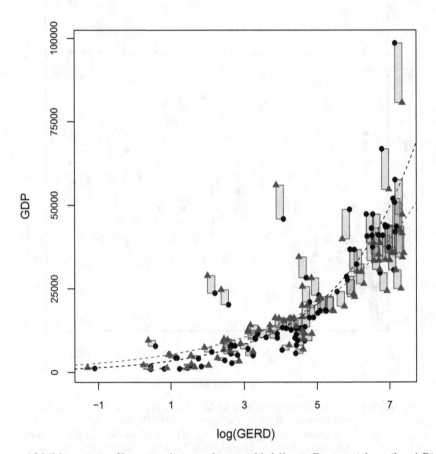

Abbildung 5.6.: *(β₁, generalisiertes lineares Modell mit Exponentialverteilung)* Die gleiche Situation wie in Abbildung 5.5 mit logarithmischer Skala der unabhängigen Variablen *GERD*.

6. Schluss

In diesem Kapitel werden die Ergebnisse der Arbeit zusammengefasst und besprochen. Im Anschluss wird ein Ausblick auf mögliche weitere Arbeitsrichtungen gegeben.

6.1. Zusammenfassung

In dieser Arbeit wurden verschiedene Ansätze zur Bestimmung von Identifizierungsbereichen in generalisierten linearen Modellen mit Intervalldaten untersucht. In der Literatur wurde die allgemeine Theorie der partiellen Identifizierung teilweise schon sehr ausführlich untersucht. Auch zur parametrischen Regression lassen sich diverse Veröffentlichungen finden. Ein Verfahren für die allgemeine generalisierte Regression konnte aber in der Literatur nicht gefunden werden. In dieser Arbeit wurde das Ziel verfolgt, aufbauend auf verschiedenen Ansätzen, praktische Verfahren für die allgemeine generalisierte Regression zu finden. Dabei wurden auch Verfahren für interessante Spezialfälle besprochen und verglichen.

Zuerst wurden die Probleme allgemein formuliert. Dabei gibt es zwei Ansätze [Augustin, 2012]: die Optimierung des Parameters unter Box-Constraints sowie einer Gleichheitsnebenbedingung der Score-Funktion und die Optimierung des Parameters mit einem Strafterm für die Score-Funktion unter Box-Constraints. Für den Spezialfall der linearen Regression mit skalaren unabhängigen Variablen wurde eine analytische Lösung aus der Literatur [Rohwer und Pötter, 2001] aufgegriffen.

Nach der allgemeinen mathematischen Formulierung der Probleme wurden einige numerische Optimierungsverfahren beschrieben. Hierbei handelte es sich nicht um eine vollständige Behandlung aller in Frage kommenden Verfahren, sondern um eine Auswahl zweier besonders vielversprechenden: Das Verfahren von Nelder und Mead sucht das Optimum durch Manipulation eines Simplex und kommt vollständig ohne Ableitungen aus, und L-BFGS-B beachtet explizit Box-Constraints. Dabei führt letzteres in jeder Iteration mehrere Schritte aus: Vorerst wird die Zielfunktion quadratisch approximiert, wofür die Approximation der zweiten Ableitung nach dem Verfahren BFGS (genauer L-BFGS) eingesetzt wird. Nach Festlegung einer Abstiegsrichtung und Schrittlänge werden die aktiven Restriktionen bestimmt. Um die Restriktionen einzuhalten, wird in den zulässigen Bereich projiziert und auf den freien Variablen erneut gesucht. Das Verfahren nach Nelder und Mead hingegen muss erst noch mit einem Barrier- oder Penalty-Verfahren kombiniert werden.

Zuerst wurden die Ansätze zur Bestimmung der Parameterintervalle für eindimensionale Parameter umgesetzt und untersucht. Hier konnte ein Verfahren [Augustin, 2012] entwickelt werden, das eine zuverlässige Bestimmung der Parameterintervalle liefert. Dabei werden, aufbauend auf der Monotonie der Score-Funktion, die Punkte aus den Datenintervallen bestimmt, die zu den extremsten Schätzwerten führen. Als weitere Verfahren wurden die Optimierung mit Strafterm [Augustin, 2012] und die direkte Optimierung des Parameterschätzers umgesetzt. Neben diesen Ansätzen, die fundamental auf der numerischen Optimierung einer hochdimensionalen Zielfunktion aufbauen, wurden zudem zwei heuristische Vorgehensweisen entwickelt: Um die hohe Dimension der Zielfunktion zu umgehen, wird unabhängig über die einzelnen Beobachtungen optimiert. Die Suche wird ausgehend von den Ecken gestartet und so oft über alle Beobachtungen wiederholt, bis keine Veränderung mehr auftritt. Unterschieden werden können zwei Varianten: Die einfache Überprüfung der Ecken und die numerische Suche ausgehend von den Ecken.

Praktisch umgesetzt wurden Modelle mit einer unabhängigen Variablen. Für die Verteilungsannahme wurden das lineare Modell mit Normalverteilung und das generalisierte lineare Modell mit Exponentialverteilung und log-Link realisiert. Neben den Modellen mit eindimensionalem Parameter wurden Modelle mit einer unabhängigen Variablen und Intercept betrachtet, wodurch der zu schätzende Parameter im linearen Prädiktor zweidimensional ist. Bei diesen Untersuchungen stand kein Verfahren zur Verfügung, das wie im eindimensionalen Fall mit Sicherheit die richtige Lösung findet. Für den Spezialfall der linearen Regression mit skalarer unabhängiger Variablen konnte das Ergebnis jedoch analytisch bestimmt werden.

In den Simulationsbeispielen konnte das Verhalten der Verfahren beobachtet werden: Die richtige Lösung wurde im eindimensionalen Fall in allen Beispielen mit der Referenzmethode und der heuristischen Suche bestimmt. Auch die anderen Verfahren lieferten teilweise das exakte Ergebnis, oft aber auch suboptimale Intervalle. Die Optimierung mit Strafterm ergab mitunter zu große Intervalle, also unzulässige Schätzwerte, was an einer nicht ausreichenden Gewichtung des Strafterms lag und durch sukzessive Erhöhung des Gewichts oder erneute klassische Schätzung behoben werden konnte. Diverse Kombinationen der Verfahren lieferten zudem teilweise verbesserte Ergebnisse. Insbesondere scheint die anschließende einfache Überprüfung der Ecken oftmals eine Verbesserung zu ergeben. Das Verfahren könnte zudem eingesetzt werden um einen guten Startpunkt zu bestimmen. Im Allgemeinen konnte aber festgestellt werden, dass die Verfahren mit hochdimensionalen Optimierungsproblemen teilweise nur lokale Extrema liefern.

Für den Fall mit Intercept zeichnet sich ein ähnliches Bild ab. Obwohl hier kein

Referenzverfahren zur Verfügung stand, konnte durch Vergleich der Ergebnisse der verschiedenen Verfahren Ähnliches wie für den eindimensionalen Fall gefolgert werden: Das heuristische Verfahren mit Suche ausgehend von den Ecken lieferte durchwegs das größte Intervall der zulässigen Schätzer und damit das beste Ergebnis. Ob dies auch die tatsächliche Lösung des Problems ist, konnte nicht gezeigt werden. In einem Fall wurde die heuristische Suche nach einem anderen Verfahren angewandt und es konnte hier nicht das gleiche Ergebnis erzielt werden wie mit der ausschließlichen heuristischen Suche. Daraus muss gefolgert werden, dass auch mit diesem Verfahren, abhängig vom Startpunkt der Suche, teilweise nur ein lokales Extremum gefunden wird.

Das analytische Ergebnis des Spezialfalls der linearen Regression konnte durchwegs exakt reproduziert werden. Da diese Situation aber auch zu einem sehr einfachen Optimierungsproblem führt, konnten daraus keine weitreichenden Erkenntnisse für die allgemeinen Fälle gewonnen werden. Weitere Verallgemeinerung zu mehrdimensionalen Kovariablen sind ebenfalls problematisch. Es kann jedoch angenommen werden, dass die Zielfunktionen komplexer werden und die Gefahr, lokale Extrema zu erhalten, zunimmt.

Obwohl für die Simulationsbeispiel oftmals nicht das exakt richtige Ergebnis gefunden werden konnte, wurde doch immer eine gute bis sehr gute Approximation bestimmt. Dennoch muss abschließend festgestellt werden, dass kein allgemeines Verfahren gefunden wurde, das in allen Fällen die exakte Lösung lieferte. Dies liegt daran, dass entweder eine numerische Optimierung einer hochdimensionalen Zielfunktion oder ein heuristisches Verfahren eingesetzt werden muss. Könnten die globalen Extrema der Zielfunktionen zuverlässig bestimmt werden, so wären die Verfahren aus der ersten Klasse auch zuverlässig. Die heuristischen Verfahren liefern aber auch hier unter Umständen nur ein Näherung. In der Praxis bestimmte das heuristische Verfahren mit wiederholter Suche ausgehend von den Ecken als allgemeine Methode den größten und damit vermutlich richtigen Identifizierungsbereich.

Bei den numerischen Optimierungsverfahren hat sich L-BFGS-B als deutlich effizienter herausgestellt. Alle hier bisher zusammengefassten Ergebnisse beziehen sich auf die Berechnung mit diesem Verfahren. Das Verfahren nach Nelder und Mead hingegen lieferte in keinem Fall ein ähnlich gutes Ergebnis. Zudem nahm die Berechnung deutlich mehr Zeit in Anspruch. Unter Umständen könnte durch weitere Einstellungen des Verfahrens ein gleich gutes Ergebnis wie mit L-BFGS-B erreicht werden. Ein besseres Ergebnis erscheint jedoch nicht möglich. Eventuell wäre es auch sinnvoll, das Verfahren mit einer anderen Methode zur Einhaltung der Restriktionen zu kombinieren. Wird noch der zusätzliche Rechenaufwand berücksichtigt, muss das Verfahren nach Nelder und Mead jedoch als nicht geeignet beurteilt werden.

Abschließend wurde ein Anwendungsbeispiel aus der Volkswirtschaft betrachtet.

Die Daten waren vorerst nicht intervallwertig, sondern die Intervalle wurden aus einer möglichen Schwankung der Werte konstruiert. Für die Lage der wahren Werte in den Intervallen gab es dabei keine Verteilungsannahme.

Daten die schon intervallwertig vorliegen, könnten beispielsweise anonymisierte oder in Klassen unterteilte, aber in Wahrheit stetige Werte sein. Tatsächliche intervallwertige Daten waren dennoch nicht ohne Weiteres zu finden. Dies könnte daran liegen, dass die klassische Statistik nur exakte Messwerte behandelt und die Daten dementsprechend erfasst oder sogar zusammengefasst werden. Eine weitere Akzeptanz des Umgangs mit unscharfen und intervallwertigen Daten in der Statistik könnte in Zukunft auch einen Einfluss auf die Erfassung und Darstellung von Messwerten in der empirischen Forschung haben.

6.2. Ausblick

In allen Beispielen dieser Arbeit bestand der wahre Zusammenhang zwischen den Untergrenzen. Die Obergrenzen wurden durch einen gleichverteilten Offset konstruiert. Außerdem wurden die Daten immer mit den Verteilungen simuliert, die auch später im Regressionsmodell angenommen wurden. Es könnten insbesondere auch falsche Verteilungsannahmen betrachtet werden, oder kleinere Störterme mit anderen Verteilungen. Des Weiteren wäre es interessant zu untersuchen, wie sich die Verfahren bei größerer Streuung der Daten und größeren Intervallen verhalten. Zu vermuten ist, dass eine größere Streuung eher stabilere Schätzungen liefert, größere Intervalle allerdings zu schwierigeren Optimierungsproblemen führen.

Um die Herangehensweise für andere Situationen zu nutzen, dürfte es interessant sein, weitere Verteilungsannahmen und Link-Funktionen in den generalisierten linearen Modellen zu betrachten. Die Ansätze sind dabei die gleichen. Es könnten jedoch auch hier größere Schwierigkeiten bei der praktischen Umsetzung, also der Optimierung, auftreten. Insbesondere interessant wäre (wegen ihrer Flexibilität) beispielsweise die Gamma-Verteilung, welche auch für das Anwendungsbeispiel eingesetzt werden hätte können.

In eine andere Richtung gehen Modelle mit mehreren unabhängigen Variablen. Auch hier wären die Verfahren grundsätzlich anwendbar, die Optimierung könnte aber deutlich aufwendiger werden. Für die heuristischen Verfahren wächst dabei die Dimension der Zielfunktionen und es müsste in mehr Ecken neugestartet werden. Prinzipiell wäre es auch denkbar, die Verfahren auf semi-parametrische Modelle anzuwenden, wie etwa Spline-Ansätze [Eilers und Marx, 1996; Wood, 2004].

Eventuell kann mit anderen Optimierungsverfahren ein besseres Ergebnis erzielt werden. Eine in dieser Arbeit nicht umgesetzte Herangehensweise ist, den Parameter unter der Gleichheitsnebenbedingung der Score-Funktion numerisch zu optimieren.

Problematisch ist dabei aber, dass die Score-Funktion eine relativ komplexe Nebenbedingung darstellt. Doch auch für die Optimierung mit Strafterm und der direkten Optimierung der Parameterschätzer könnten weitere Verfahren eingesetzt werden. Bei der Optimierung mit Strafterm wäre zudem noch eine andere Festlegung der Gewichtung möglich. Es könnte hier sinnvoll sein, den Strafterm entsprechend der Varianz der Daten und damit der Größenordnung der Abweichungen in der Score-Funktion zu normieren.

Auch die heuristischen Verfahren wären erweiterbar. Beispielsweise könnte man mehrere Beobachtungen gleichzeitig optimieren. Die Anzahl der gleichzeitig betrachteten Beobachtungen könnte je nach Rechenkapazität skaliert werden. Die Komplexität nimmt hier aber sehr schnell zu. Bisher wurden die Beobachtungen immer in der gleichen Reihenfolge durchlaufen. Es wäre zu untersuchen, welchen Einfluss ein anderes Durchlaufen – etwa eine zufällige Sortierung – auf das Ergebnis hat. Eventuell kann auch eine sinnvolle nicht zufällige Ordnung gefunden werden. Da die Extremstellen in allen Beispielen immer auf den Rändern der abhängigen Variablen lagen, wäre auch eine eindimensionale Optimierung der Ränder sinnvoll. Hierzu könnte beispielsweise das Verfahren nach Brent [Brent, 1976] für die eindimensionale Optimierung eingesetzt werden.

Globale und heuristische Verfahren wären weiter kombinierbar. Es gibt offenbar einen Bereich für die unabhängigen Variablen, für den die Extremstellen immer in den Ecken liegen. Wäre also bekannt, dass eine Beobachtung in diesem Bereich liegt, könnten nur die Ecken betrachtet werden. Eventuell ist es sogar möglich die richtige Ecke direkt zu bestimmen. Ein anderer Ansatz wäre, den Fehler für die Intervallgrenzen konservativ abzuschätzen. Würde dies gelingen, so könnten die Intervalle der Parameterschätzer einfach um diesen Fehler vergrößert werden, um eine konservative Einhüllende zu erhalten.

Für Spezialfälle können analytische Lösungen bestimmt werden. Auch hier wäre zu untersuchen, ob es weitere Fälle gibt, für die das möglich ist. Auch die Ausnutzung der Monotonie der Score-Funktion, wie für den eindimensionalen Fall, könnte weiter verfolgt werden. Eventuell lässt sich diese Eigenschaft auch für die allgemeine Situation nutzen.

Bisher wurden die einzelnen Parameter nur unabhängig optimiert. Man erhält also ein Rechteck im Parameterraum. Sind die Intervalle richtig bestimmt, so umfasst dieses Rechteck die tatsächlichen zulässigen Parameterkombinationen, enthält aber auch unzulässige Schätzer. Diese Abschätzung ist sehr konservativ. Hier wäre es also sinnvoll den simultanen Identifizierungsbereich aller betrachteten Parameter zu bestimmen. Man könnte dies beispielsweise mit der Score-Funktion als Strafterm umsetzen.

Im Kontext der Statistik wäre für die Regression zu dem Identifizierungsbereich ein Konfidenzbereich von Interesse. Konfidenzintervalle für partiell identifizierte Parameter wurden bereits von verschiedenen Autoren untersucht [Imbens und Manski, 2004; Chernozhukov et al., 2007; Rosen, 2008; Stoye, 2009b; Fan und Park, 2012]. Ein naiver Ansatz wäre, einfach die klassischen Konfidenzintervalle für die Grenzen der Parameterintervalle mit den verwendeten Datenpunkten zu bestimmen. Es kann aber meist eine größere Streuung durch andere Punkte aus den Datenintervallen gefunden werden, wodurch deutlich größere Konfidenzintervalle resultieren dürften. Eine konservative Abschätzung wäre, die größte Streuung, und damit das breiteste Konfidenzintervall für beliebige Punkte aus den Datenintervallen zu bestimmen. Hat man dieses gefunden, wäre es möglich, diese Intervalle um den Identifizierungsbereich zu legen. Hierfür könnte schließlich wieder auf bekannte Methoden aus der Literatur zurückgegriffen werden, um den Identifizierungsbereich mit dem Konfidenzintervall zu kombinieren.

Literaturverzeichnis

[Alt, 2011] Alt, W. (2011). Nichtlineare Optimierung: Eine Einführung in Theorie, Verfahren und Anwendungen. 2. Auflage, Vieweg+Teubner Verlag.

[Augustin, 2012] Augustin, T. (2012). Statistical analysis under data imprecision. Unpublished Manuscript, Ludwig-Maximilians-Universität München.

[Augustin und Hable, 2010] Augustin, T. und Hable, R. (2010). On the Impact of Robust Statistics on Imprecise Probability Models: A Review. Structural Safety *32*, 358–365.

[Barry et al., 1995] Barry, D. A., Culligan-Hensley, P. J. und Barry, S. J. (1995). Real Values of the W-Function. ACM Transactions on Mathematical Software *21*, 161–171.

[Beresteanu und Molinari, 2008] Beresteanu, A. und Molinari, F. (2008). Asymptotic Properties for a Class of Partially Identified Models. Econometrica *76*, 763–814.

[Beresteanu und Molinari, 2012] Beresteanu, A. und Molinari, F. (2012). Partial Identification Using Random Set Theory. Journal of Econometrics *166*, 17–32.

[Blanco-Fernández et al., 2011] Blanco-Fernández, A., Corral, N. und González-Rodríguez, G. (2011). Estimation of a Flexible Simple Linear Model for Interval Data Based on Set Arithmetic. Computational Statistics & Data Analysis *55*, 2568–2578.

[Bontemps et al., 2012] Bontemps, C., Magnac, T. und Maurin, E. (2012). Set Identified Linear Models. Econometrica *80*, 1129–1155.

[Brent, 1976] Brent, R. P. (1976). Algorithms for Minimization without Derivatives. Prentice-Hall.

[Broyden, 1970] Broyden, C. G. (1970). The Convergence of a Class of Double-rank Minimization Algorithms. IMA Journal of Applied Mathematics *6*, 76–90.

[Byrd et al., 1995] Byrd, R. H., Lu, P., Nocedal, J. und Zhu, C. (1995). A Limited Memory Algorithm for Bound Constrained Optimization. SIAM Journal on Scientific Computing *16*, 1190–1208.

[Canay, 2010] Canay, I. A. (2010). EL Inference for Partially Identified Models: Large Deviations Optimality and Bootstrap Validity. Journal of Econometrics *156*, 408–425.

[Cattaneo und Wiencierz, 2012] Cattaneo, M. E. G. V. und Wiencierz, A. (2012). Likelihood-based Imprecise Regression. International Journal of Approximate Reasoning *53*, 1137–1154.

[Chernozhukov et al., 2007] Chernozhukov, V., Hong, H. und Tamer, E. (2007). Estimation and Confidence Regions for Parameter Sets in Econometric Models. Econometrica *75*, 1243–1284.

[Corless et al., 1996] Corless, R. M., Gonnet, G. H., Hare, D. E. G., Jeffrey, D. J. und Knuth, D. E. (1996). On the Lambert W Function. Advances in Computational Mathematics *5*, 329–359.

[Davies und R Development Core Team, 2012] Davies, S. und R Development Core Team (2012). glm: Fitting Generalized Linear Models. Online: http://www.r-project.org. R base, version 2.15.1.

[de A. Lima Neto und de A. T. de Carvalho, 2010] de A. Lima Neto, E. und de A. T. de Carvalho, F. (2010). Constrained Linear Regression Models for Symbolic Interval-Valued Variables. Computational Statistics & Data Analysis *54*, 333–347.

[Diamond, 1990] Diamond, P. (1990). Least Squares Fitting of Compact Set-Valued Data. Journal of Mathematical Analysis and Applications *147*, 351–362.

[Dobson und Barnett, 2008] Dobson, A. J. und Barnett, A. G. (2008). An Introduction to Generalized Linear Models. Texts in Statistical Science, 3. Auflage, Chapman & Hall.

[Domschke und Drexl, 2005] Domschke, W. und Drexl, A. (2005). Einführung in Operations Research. 6. Auflage, Springer.

[D'Urso und Gastaldi, 2010] D'Urso, P. und Gastaldi, T. (2010). A Least-Squares Approach to Fuzzy Linear Regression Analysis. Computational Statistics & Data Analysis *34*, 427–440.

[Eilers und Marx, 1996] Eilers, P. und Marx, B. (1996). Flexible Smoothing with B-splines and Penalties. Statistical Science *11*, 89–102.

[Fahrmeir et al., 2009] Fahrmeir, L., Kneib, T. und Lang, S. (2009). Regression: Modelle, Methoden und Anwendungen. 2. Auflage, Springer.

[Fan und Park, 2012] Fan, Y. und Park, S. S. (2012). Confidence Intervals for the Quantile of Treatment Effects in Randomized Experiments. Journal of Econometrics *167*, 330–344.

[Ferraro et al., 2010] Ferraro, M. B., Coppi, R., Rodríguez, G. G. und Colubi, A. (2010). A Linear Regression Model for Imprecise Response. International Journal of Approximate Reasoning *51*, 759–770.

[Fletcher, 1970] Fletcher, R. (1970). A New Approach to Variable Metric Algorithms. The Computer Journal *13*, 317–322.

[Gioia und Lauro, 2005] Gioia, F. und Lauro, C. N. (2005). Basic Statistical Methods for Interval Data. Statistica Applicata - Italian Journal of Applied Statistics *17*, 75–104.

[Godambe, 1991] Godambe, V. P., ed. (1991). Estimating Functions. Oxford Statistical Science Series, Oxford University Press.

[Goldfarb, 1970] Goldfarb, D. (1970). A Family of Variable-Metric Methods Derived by Variational Means. Mathematics of Computation *24*, 23–26.

[Hankin, 2006] Hankin, R. K. S. (2006). Special Functions in R: Introducing the GSL Package. R News *6*.

[Hankin et al., 2011a] Hankin, R. K. S., Murdoch, D. und Clausen, A. (2011a). GSL - GNU Scientific Library. Online: http://www.gnu.org/software/gsl/. version 1.15.

[Hankin et al., 2011b] Hankin, R. K. S., Murdoch, D. und Clausen, A. (2011b). gsl: Wrapper for the Gnu Scientific Library. Online: http://cran.r-project.org/web/packages/gsl/. R package version 1.9-9.

[Hollanda und Welschb, 1977] Hollanda, P. W. und Welschb, R. E. (1977). Robust Regression Using Iteratively Reweighted Least-Squares. Communications in Statistics - Theory and Methods *6*, 813–827.

[Iacus et al., 2012] Iacus, S. M., King, G. und Porro, G. (2012). Causal Inference without Balance Checking: Coarsened Exact Matching. Political Analysis *20*, 1–24.

[Imbens und Manski, 2004] Imbens, G. W. und Manski, C. F. (2004). Confidence Intervals for Partially Identified Parameters. Econometrica 72, 1845–1857.

[Jennrich und Sampson, 1976] Jennrich, R. I. und Sampson, P. F. (1976). Newton-Raphson and Related Algorithms for Maximum Likelihood Variance Component Estimation. Technometrics 18, 11–17.

[Koopmans, 1949] Koopmans, T. C. (1949). Identification Problems in Economic Model Construction. Econometrica 17, 125–144.

[Kosmol, 2010] Kosmol, P. (2010). Optimierung und Approximation. 2. Auflage, de Gruyter.

[Krugman et al., 2011] Krugman, P., Obstfeld, M. und Melitz, M. J. (2011). International Economics: Theory & Policy. 9. Auflage, Prentice Hall International.

[Lange, 2010] Lange, K. (2010). Numerical Analysis for Statisticians. Statistics and Computing, 2. Auflage, Springer.

[Manski, 2003a] Manski, C. F. (2003a). Partial Identification of Probability Distributions. Springer, New York.

[Manski, 2003b] Manski, C. F. (2003b). Identification Problems in the Social Sciences and Everyday Life. Southern Economic Journal 70, 11–21.

[Manski, 2004] Manski, C. F. (2004). Statistical Treatment Rules for Heterogeneous Populations. Econometrica 72, 1221–1246.

[Manski, 2005] Manski, C. F. (2005). Partial Identification with Missing Data: Concepts and Findings. International Journal of Approximate Reasoning 39, 151–165.

[Manski und Nagin, 1998] Manski, C. F. und Nagin, D. S. (1998). Bounding Disagreements About Treatment Effects: A Case Study of Sentencing and Recidivism. Sociological Methodology 28, 99–137.

[Manski und Tamer, 2002] Manski, C. F. und Tamer, E. (2002). Inference on Regressions with Interval Data on a Regressor or Outcome. Econometrica 70, 519–546.

[Marino und Palumbo, 2002] Marino, M. und Palumbo, F. (2002). Interval Arithmetic for the Evaluation of Imprecise Data Effects in Least Squares Linear Regression. Statistica Applicata - Italian Journal of Applied Statistics 14, 277–291.

[McCullagh und Nelder, 1986] McCullagh, P. und Nelder, J. (1986). Generalized Linear Models. 2. Auflage, London: Chapman and Hall.

[Moon und Schorfheide, 2012] Moon, H. R. und Schorfheide, F. (2012). Bayesian and Frequentist Inference in Partially Identified Models. Econometrica *80*, 755–782.

[Nelder und Mead, 1965] Nelder, J. A. und Mead, R. (1965). A Simplex Method for Function Minimization. The Computer Journal *7*, 308–313.

[Nelder und Wedderburn, 1972] Nelder, J. A. und Wedderburn, R. W. M. (1972). Generalized Linear Models. Journal of the Royal Statistical Society A *135*, 370–384.

[Neumaier, 2009] Neumaier, A. (2009). Interval Methods for Systems of Equations. Encyclopedia of Mathematics and its Applications, Cambridge University Press.

[Pearl, 2009] Pearl, J. (2009). Causality: Models, Reasoning and Inference. 2. Auflage, Cambridge University Press.

[R Development Core Team, 2012a] R Development Core Team (2012a). constrOptim: Linearly Constrained Optimization. Online: http://www.r-project.org. R stats, version 2.15.1.

[R Development Core Team, 2012b] R Development Core Team (2012b). lm: Fitting Linear Models. Online: http://www.r-project.org. R stats, version 2.15.1.

[R Development Core Team, 2012c] R Development Core Team (2012c). optim: General-purpose Optimization. Online: http://www.r-project.org. R stats, version 2.15.1.

[R Development Core Team, 2012d] R Development Core Team (2012d). R: A Language and Environment for Statistical Computing. Online: http://www.r-project.org. version 2.15.1.

[Rohwer und Pötter, 2001] Rohwer, G. und Pötter, U. (2001). Grundzüge der Sozialwissenschaftlichen Statistik. Grundlagentexte Soziologie, Beltz Juventa.

[Romano und Shaikh, 2008] Romano, J. P. und Shaikh, A. M. (2008). Inference for Identifiable Parameters in Partially Identified Econometric Models. Journal of Statistical Planning and Inference *138*, 2786–2807.

[Romano und Shaikh, 2010] Romano, J. P. und Shaikh, A. M. (2010). Inference for the Identified Set in Partially Identified Econometric Models. Econometrica *78*, 169–211.

[Rosen, 2008] Rosen, A. M. (2008). Confidence Sets for Partially Identified Parameters that Satisfy a Finite Number of Moment Inequalities. Journal of Econometrics *146*, 107–117.

[Rubin, 2005] Rubin, D. B. (2005). Causal Inference Using Potential Outcomes: Design, Modeling, Decisions. Journal of the American Statistical Association *100*, 322–331.

[Schafer, 1997] Schafer, J. L. (1997). Analysis of Incomplete Multivariate Data. Number 72 in Monographs on Statistics & Applied Probability, Chapman & Hall/CRC.

[Shanno, 1970a] Shanno, D. F. (1970a). Conditioning of Quasi-Newton Methods for Function Minimization. Mathematics of Computation *24*, 647–656.

[Shanno, 1970b] Shanno, D. F. (1970b). Optimal Conditioning of Quasi-Newton Methods. Mathematics of Computation *24*, 657–664.

[Shapiro, 2000] Shapiro, A. (2000). On the Asymptotics of Constrained Local M-Estimators. The Annals of Statistics *28*, 948–960.

[Stoye, 2009a] Stoye, J. (2009a). Partial Identification and Robust Treatment Choice: An Application to Young Offenders. Journal of Statistical Theory and Practice *3*, 239–254.

[Stoye, 2009b] Stoye, J. (2009b). More on Confidence Intervals for Partially Identified Parameters. Econometrica *77*, 1299–1315.

[Tamer, 2010] Tamer, E. (2010). Partial Identification in Econometrics. Annual Review of Economics *2*, 167–195.

[UNESCO, 2012] UNESCO (2012). Data: GERD per capita and GDP per capita (current PPP US$) in 2008. Online: http://stats.uis.unesco.org/. accessed: 12.10.2012.

[Urbanek, 2011] Urbanek, S. (2011). multicore: Parallel processing of R code on machines with multiple cores or CPUs. Online: http://cran.r-project.org/web/packages/multicore/. R package version 0.1-7.

[Wood, 2004] Wood, S. (2004). Stable and Efficient Multiple Smoothing Parameter Estimation for Generalized Additive Models. Journal of the American Statistical Association *99*, 673–686.

[World, 2012] World, W. M. (2012). Lambert W-Function. Online: `http://` `mathworld.wolfram.com/LambertW-Function.html`. accessed 12.09.2012.

[Young und Smith, 2005] Young, G. A. und Smith, R. L. (2005). Essentials of Statistical Inference. Cambridge University Press.

[Ypma, 1995] Ypma, T. (1995). Historical Development of the Newton–Raphson Method. SIAM Review *37*, 531–551.

A. Übersicht verwendeter Verfahren

In diesem Abschnitt werden die verwendeten Methoden und Verfahren kurz zusammengefasst. Für eine detaillierte Erklärung wird auf die jeweiligen Abschnitte in dieser Arbeit verwiesen.

A.1. Numerische Optimierungsverfahren

- **Nelder-Mead** [Nelder und Mead, 1965] Numerisches Optimierungsverfahren für das keine Ableitungen benötigt wird (siehe beispielsweise auch [Alt, 2011]). Kann für die restringierte Optimierung mit einer Barrier-Methode (siehe beispielsweise [Lange, 2010]) kombiniert werden.

- **L-BFGS-B** [Byrd et al., 1995] Numerisches Verfahren für die restringierte Optimierung bei dem die erste Ableitung der Zielfunktion benötigt wird. Dabei wird die Approximation der zweiten Ableitung der Zielfunktion aus dem BFGS-Verfahren [Broyden, 1970; Fletcher, 1970; Goldfarb, 1970; Shanno, 1970a; Shanno, 1970b] verwendet.

A.2. Verfahren zur Schätzung der Parameterintervalle für die generalisierte lineare Regression mit Intervalldaten

- **Analytic** (Abschnitt 2.6) Analytische Bestimmung der Parameterintervalle. Die analytische Lösung ist nur bei der linearen Regression und skalaren Werten für die unabhängige Variable möglich.

- **Partial Score** (Abschnitt 3.1) Verfahren für eindimensionale Parameter. Um die Intervallgrenzen des Parameterschätzers zu finde, werden für jede Beobachtung die Anteile der Score-Funktion minimiert oder maximiert. Die Optimierung kann analytisch gelöst werden. Die Optimierung muss aber iterativ wiederholt werden. Für die einfache lineare Regression siehe Abschnitt 3.2. Für die einfache generalisierte lineare Regression mit Exponentialverteilung siehe Abschnitt 3.3.

- **Direct** (Abschnitt 3.4) Direkte Optimierung des Parameterschätzers. Dabei besteht die Zielfunktion direkt aus dem Parameterschätzer, welche im generalisierten Modell numerisch geschätzt werden muss. Für die mehrdimensionale lineare Regression siehe auch Abschnitt 4.1 und für die generalisierte Regression mit Exponentialverteilung Abschnitt 4.2.

- **Penalty** ($\rho = 100$) (Abschnitt 3.5) Optimierung des Parameterschätzers mit einem Strafterm in der Zielfunktion, wodurch die Nebenbedingung der Score-Funktion implizit erreicht werden soll. Der Strafterm erhält das Gewicht $\rho = 100$. Für die mehrdimensionale lineare Regression siehe auch Abschnitt 4.1 und für die generalisierte Regression mit Exponentialverteilung Abschnitt 4.2.

- **Penalty** (ρ **incremental**) (Abschnitt 3.5) Mehrere Durchläufe des Penalty-Verfahrens, wobei das Gewicht ρ des Strafterms jeweils erhöht wird.

- **+ Readjust** (Abschnitt 3.6) Zusätzliche unabhängige Überprüfung der Ecken in allen Intervallen für jede Beobachtung nach einem anderen Verfahren.

- **+ Research** (Abschnitt 3.6) Zusätzliche unabhängige Suche ausgehend von den Ecken in allen Intervallen für jede Beobachtung nach einem anderen Verfahren.

- **Readjust Loop** (Abschnitt 3.6) Wiederholte unabhängige Überprüfung der Ecken in allen Intervallen bis keine Veränderung mehr auftritt.

- **Readjust/Research Loop** (Abschnitt 3.6) Wiederholte unabhängige Überprüfung der Ecken in allen Intervallen bis keine Veränderung mehr auftritt und anschließende wiederholte unabhängige Suche ausgehend von den Ecken in allen Intervallen bis keine Veränderung mehr auftritt.

- **+ Reestimate** Erneute zuverlässige Schätzung der Parametergrenzen mit einer klassischen Methode. Dabei werden die Werte aus den Intervallen verwendet, die ein anderes Verfahren geliefert hat. Insbesondere kann es sein, dass das Penalty-Verfahren unzulässige Parameterschätzer liefert und dadurch diese zuverlässige Schätzung notwendig wird.

B. Weiteres Material für die Simulationsbeispiele

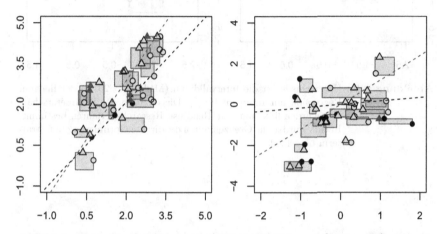

Abbildung B.1.: Simulationsbeispiele (SLA, n=20) links und (SLB, n=20) rechts für Ober- und Untergrenzen einer linearen Regression ohne Intercept auf Intervalldaten. Dargestellt ist das Ergebnis des Direct-Verfahrens mit dem Optimierungsalgorithmus nach Nelder und Mead. Die Unterschiede der ausgewählten Punkt zum Referenzverfahren sind (gelb) markiert. Die Ergebnisse unterscheiden sich hier von den Ergebnissen der Referenzmethode in den meisten Punkten, das heißt das Verfahren nach Nelder und Mead konnte die tatsächlichen Extrema nicht bestimmen. Dies führt zu einem kleineren Intervall des Parameterschätzers.

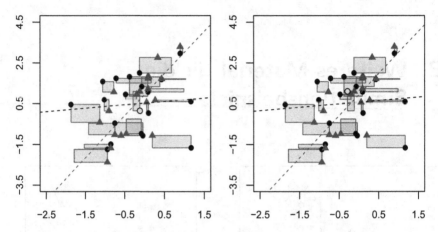

Abbildung B.2.: Unterschiede für die Intervalldaten (MLB, $n = 20$) in der linearen Regression mit Intercept für β_1. Die Grenzen des Parameterschätzers wurden links mit dem Readjust/Research-Verfahren bestimmt. Rechts wurden die Grenzen durch die direkte Optimierung mit Strafterm berechnet.

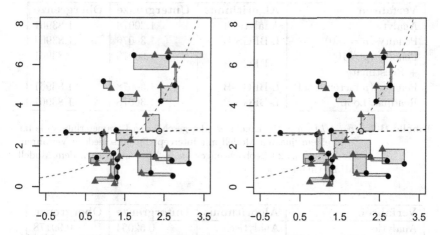

Abbildung B.3.: Unterschiede für die Intervalldaten (MEA, $n = 20$) in der linearen Regression mit Intercept für β_1. Die Grenzen des Parameterschätzers wurden links mit dem Readjust/Research-Verfahren bestimmt. Rechts wurden die Grenzen durch die direkte Optimierung mit Strafterm berechnet.

Verfahren	Algorithmus	Untergrenze	Obergrenze
Analytic	Analytisch	1.27509	1.65824
Partial Score	Analytisch	1.27509	1.65824
Penalty ($\rho = 100$)	L-BFGS-B	1.27508	1.65824
Penalty ($\rho = 100$) + Reestimate	L-BFGS-B	1.27509	1.65824
Penalty (ρ incremental)	L-BFGS-B	1.27509	1.65824
Readjust Loop	L-BFGS-B	1.27509	1.65824

Tabelle B.1.: *(SLD, $n = 20$)* Ergebnisse der geschätzten Parameterintervalle in einem linearen Modell mit einer unabhängigen Variable ohne Intercept. Die Daten mit 20 Beobachtungen ($n = 20$) wurden nach dem Modell (SLD) simuliert.

101

Verfahren	Algorithmus	Untergrenze	Obergrenze
Analytic	Analytisch	1.30078	1.83961
Penalty ($\rho = 100$)	L-BFGS-B	1.30076	1.83964
Penalty ($\rho = 100$) + Reestimate	L-BFGS-B	1.30078	1.83961
Penalty (ρ incremental)	L-BFGS-B	1.30078	1.83961
Readjust Loop	L-BFGS-B	1.30078	1.83961

Tabelle B.2.: *(β_0, MLD, $n = 20$)* Ergebnisse der geschätzten Parameterintervalle für β_0 in einem linearen Modell mit Intercept für verschiedene Verfahren. Die Daten mit 20 Beobachtungen ($n = 20$) wurden nach dem Modell (MLD) simuliert.

Verfahren	Algorithmus	Untergrenze	Obergrenze
Analytic	Analytisch	0.52054	0.99178
Penalty ($\rho = 100$)	L-BFGS-B	0.52052	0.99180
Penalty ($\rho = 100$) + Reestimate	L-BFGS-B	0.52054	0.99178
Penalty (ρ incremental)	L-BFGS-B	0.52054	0.99178
Readjust Loop	L-BFGS-B	0.52054	0.99178

Tabelle B.3.: *(β_1, MLD, $n = 20$)* Ergebnisse der geschätzten Parameterintervalle für β_1 in einem linearen Modell mit Intercept für verschiedene Verfahren. Die Daten mit 20 Beobachtungen ($n = 20$) wurden nach dem Modell (MLD) simuliert.

C. Weiteres Material für das Anwendungsbeispiel

Das Anwendungsbeispiel wird in Kapitel 5 besprochen.

C.1. Quelle und Generierung der Daten

Die Daten [UNESCO, 2012] können auf der Website des *UNESCO Institute for Statistics*[1] generiert werden. Unter *Custom Tables* müssen das Jahr 2008 und alle Ländern ausgewählt werden. Zusätzlich selektiert man für die Daten *Science & Technology -> R&D Expenditure (GERD) -> Total R&D Expenditure (GERD) -> GERD per capita (in current PPP$)* und *Demographic & Socio-economic -> GDP per capita (PPP) US$*.

In der Tabelle werden nur die Länder angegeben, für die beide Werte zur Verfügung standen. Die anderen Länder wurden bei der Auswertung nicht beachtet.

GERD steht für *Gross domestic Expenditure on Research and Development*, was die Ausgaben für Forschung und Entwicklung bezeichnet. GDP steht für *Gross Domestic Product*, was das Bruttoinlandsprodukt ist.

---

[1] www.uis.unesco.org

C.2. Tabelle der Daten

	Country	GERD	GDP
1	Egypt	15.20	5665
2	Jordan	23.10	5547
3	Saudi Arabia	11.90	22334
4	Tunisia	92.30	8887
5	Albania	12.50	8258
6	Belarus	91.50	12442
7	Bosnia and Herzegovina	1.60	8654
8	Bulgaria	65.70	13940
9	Croatia	177.60	20364
10	Czech Republic	365.60	25858
11	Estonia	282.40	21806
12	Hungary	205.40	20539
13	Latvia	125.40	18105
14	Lithuania	167.00	19596
15	Poland	108.60	18058
16	Republic of Moldova	15.80	3006
17	Romania	86.50	14658
18	Russian Federation	210.00	20276
19	Serbia	33.10	11484
20	Slovakia	109.20	23212
21	Slovenia	481.90	29230
22	The former Yugoslav Republic of Macedonia	24.70	10908
23	Turkey	109.20	14995
24	Ukraine	62.30	7313
25	Armenia	12.70	6098
26	Azerbaijan	14.10	8714
27	Kazakhstan	24.60	11370
28	Kyrgyzstan	4.30	2218
29	Mongolia	10.70	3868
30	Tajikistan	1.40	1934

	Country	GERD	GDP
31	Australia	884.50	37164
32	China	90.90	6204
33	China, Hong Kong	325.50	44071
34	China, Macao	53.40	50695
35	Japan	1175.20	33802
36	Republic of Korea	919.80	26877
37	Singapore	1406.20	52125
38	Argentina	75.50	14418
39	Brazil	116.00	10408
40	Chile	57.40	14541
41	Colombia	12.80	8960
42	Costa Rica	45.00	11286
43	Ecuador	20.10	7741
44	El Salvador	7.50	6680
45	Guatemala	2.90	4741
46	Mexico	51.70	14741
47	Panama	26.40	12751
48	Paraguay	2.80	4727
49	Trinidad and Tobago	8.20	26152
50	Uruguay	44.80	12679
51	Austria	1061.40	39799
52	Belgium	735.60	36992
53	Canada	726.60	38994
54	Cyprus	99.40	31213
55	Denmark	1134.30	39482
56	Finland	1408.50	38000
57	France	749.60	33939
58	Germany	993.90	37064
59	Iceland	1073.80	39375
60	Ireland	631.70	42810

	Country	GERD	GDP
61	Israel	1355.60	27652
62	Italy	402.00	33269
63	Luxembourg	1402.70	89172
64	Malta	140.30	25494
65	Netherlands	755.50	42747
66	Norway	968.90	60490
67	Portugal	374.40	24957
68	Spain	452.20	33201
69	Sweden	1461.10	39476
70	Switzerland	1389.80	45964
71	United Kingdom of Great Britain and Northern Ireland	643.00	36820
72	United States of America	1323.50	46971
73	Iran (Islamic Republic of)	89.00	11292
74	Sri Lanka	5.20	4507
75	Burkina Faso	2.20	1149
76	Gabon	79.60	14598
77	Gambia	0.30	1302
78	Madagascar	1.40	1032
79	Senegal	6.90	1877
80	South Africa	95.50	10429
81	Uganda	3.80	1172
82	Zambia	4.70	1388

C.3. Weitere Ergebnisse

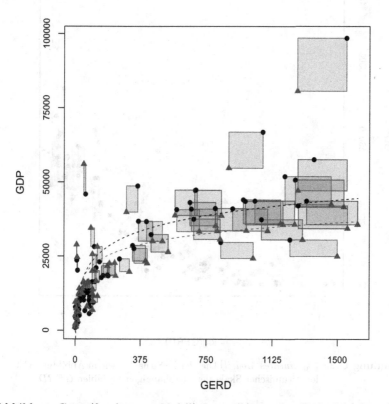

Abbildung C.1.: *(β_0, lineares Modell)* Intervalldaten des Bruttoinlandsprodukts (GDP) und der Ausgaben für Forschung und Entwicklung (GERD) für 82 Länder in PPP US\$ pro Einwohner im Jahr 2008 [UNESCO, 2012]. Dabei wurden die Intervalle aus den exakten Werten mit einer Abweichung von etwa 10% in beiden Richtungen für die unabhängige und die abhängige Variable berechnet. Die gestrichelten Kurven geben die lineare Regression für die Grenzen des Parameterschätzers β_0 an. Für die Regression werden die Werte der abhängigen Variablen GERD logarithmiert. Die Extrema wurden mit dem Research/Readjust-Verfahren berechnet.

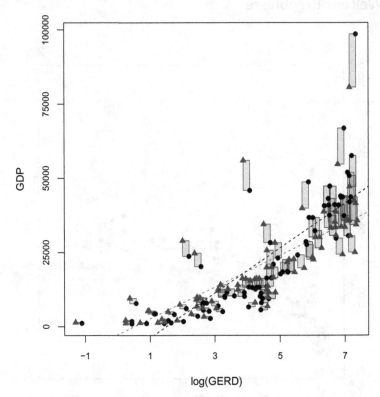

Abbildung C.2.: *(β₀, lineares Modell)* Die gleiche Situation wie in Abbildung C.1 mit logarithmischer Skala der unabhängigen Variablen *GERD*.

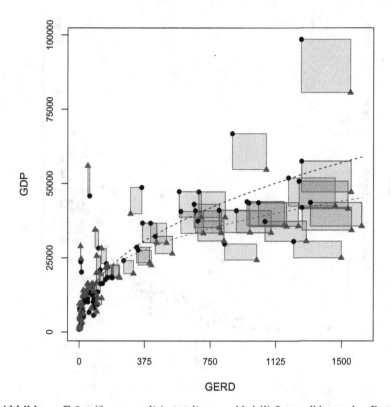

Abbildung C.3.: *(β₀, generalisiertes lineares Modell)* Intervalldaten des Bruttoinlandsprodukts (GDP) und der Ausgaben für Forschung und Ent-
wicklung (GERD) für 82 Länder in PPP US$ pro Einwohner im
Jahr 2008 [UNESCO, 2012]. Dabei wurden die Intervalle aus den
exakten Werten mit einer Abweichung von etwa 10% in beiden
Richtungen für die unabhängige und die abhängige Variable berechnet. Die Kurven geben die generalisierte lineare Regression mit
Exponentialverteilung und log-Link für die Grenzen des Parameterschätzers $β_0$ an. Für die Regression werden die Werte der abhängigen Variablen GERD logarithmiert. Die Extrema wurden mit dem
Research/Readjust-Verfahren berechnet.

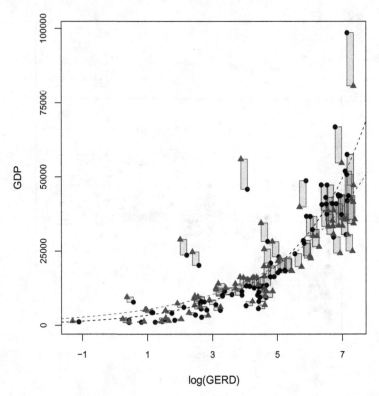

Abbildung C.4.: *(β₀, generalisiertes lineares Modell)* Die gleiche Situation wie in Abbildung C.3 mit logarithmischer Skala der unabhängigen Variablen *GERD*.